U0332769

美国能源基金会资助项目

CHINA'S
LOW-CARBON FOOTPRINT:
EXPLORING PRACTICE
IN PILOTPROVINCES AND CITIES

迈向低碳时代

中国低碳试点经验

国家发展改革委宏观经济研究院
《迈向低碳时代：中国低碳试点经验》编写组 / 著

中国发展出版社
CHINA DEVELOPMENT PRESS

图书在版编目（CIP）数据

迈向低碳时代：中国低碳试点经验/国家发展改革委宏观经济研究院
《迈向低碳时代：中国低碳试点经验》编写组编著.—北京：中国发展
出版社，2014.4

ISBN 978-7-80234-774-8

I.①迈… Ⅱ.①国… Ⅲ.①节能—研究—中国 Ⅳ.①TK01

中国版本图书馆CIP数据核字（2014）第039273号

书　　　名：迈向低碳时代：中国低碳试点经验
著作责任者：国家发展改革委宏观经济研究院《迈向低碳时代：中国低碳试点经验》
　　　　　　编写组
出 版 发 行：中国发展出版社
　　　　　　（北京市西城区百万庄大街16号8层　100037）
标 准 书 号：ISBN 978-7-80234-774-8
经 销 者：各地新华书店
印 刷 者：三河市东方印刷有限公司
开　　　本：700mm×1000mm　1/16
印　　　张：14
字　　　数：192千字
版　　　次：2014年4月第1版
印　　　次：2014年4月第1次印刷
定　　　价：35.00元

联 系 电 话：(010) 68990630　68990692
购 书 热 线：(010) 68990682　68990686
网 络 订 购：http：//zgfzcbs. tmall. com//
网 购 电 话：(010) 88333349　68990639
本 社 网 址：http：//www. develpress. com. cn
电 子 邮 件：bianjibu16@ vip. sohu. com

中国政府本着对本国人民和世界人民高度负责任的态度，充分认识到应对气候变化的重要性和紧迫性。作为发展中的人口大国，我们在努力解决人口贫困以及城乡、区域、经济社会发展不平衡等诸多发展问题的同时，也积极、主动地肩负起大国责任，对气候变化问题给予了高度重视，已经并将继续坚定不移为应对全球气候变化做出切实的努力。

早在 2007 年 9 月 8 日，时任国家主席胡锦涛同志在亚太经合组织第 15 次领导人非正式会议上，明确倡导"应该本着对人类、对未来高度负责的态度，尊重历史，立足当前，着眼长远，务实合作，统筹经济发展和环境保护，……应该建立适应可持续发展要求的生产方式和消费方式，优化能源结构，推进产业升级，发展低碳经济，努力建设资源节约型、环境友好型社会，从根本上应对气候变化的挑战"。随后，2009 年 9 月 22 日，在纽约联合国气候变化峰会开幕式上，胡锦涛同志发表题为《携手应对气候变化挑战》的重要讲话，向全世界宣布：中国将进一步把应对气候变化纳入经济社会发展规划并继续采取强有力的措施。一是加强节能、提高能效工作，争取到 2020 年单位国内生产总值二氧化碳排放比 2005 年有显著下降；二是大力发展可再生能源和核能，争取到 2020 年非化石能源占一次能源消费比重达到 15% 左右；三是大力增加森林碳汇，争取到 2020 年森林面积比 2005 年增加 4000 万公顷，森林蓄积量比 2005 年增加 13 亿立方米；四是大力发展绿色经济，积极发展低碳经济和循环经济，研发和推广气候友好技术。显然，中国在低碳发展上的立场以及担当大国责任的态度是非常明确的。

经过多年低碳战略的实施，我国在低碳发展上取得了显著的成绩。就"十一五"（2006～2010年）期间看，中国在控制温室气体排放方面取得了积极的进展，单位国内生产总值能耗强度下降19.1%，累计减少二氧化碳排放14.6亿吨；以能源消费年均6.6%的增速支持了国民经济年均11.2%的增速，能源消费弹性系数由"十五"时期的1.04下降到0.59，根本性地扭转了我国工业化、城镇化加快发展阶段能源消耗强度大幅上升的趋势；全国森林覆盖率相比"十五"末期增加了2.15个百分点，森林蓄积净增11.23亿立方米，森林植被总碳储量达78.11亿吨，成为人工林吸收二氧化碳最多的国家。2011年，全国万元GDP能耗为0.793吨标准煤（按2010年价格），比2010年降低2.1%；2012年，全国单位国内生产总值二氧化碳排放较2011年下降5.02%。

应该说，我国在低碳领域为世界做出了重大贡献，随着低碳试点的深化推进，低碳理念逐渐深入人心，我国或将全面进入低碳时代。2010年7月，国家发展改革委正式发布《关于开展低碳省区和低碳城市试点工作的通知》（发改气候〔2010〕1587号），决定在广东、辽宁、湖北、陕西、云南五省和天津、重庆、深圳、厦门、杭州、南昌、贵阳、保定八市开展低碳试点工作。2012年12月，国家发展改革委印发《关于开展第二批国家低碳省区和低碳城市试点工作的通知》，正式确定在北京市、上海市、海南省和石家庄市、秦皇岛市、晋城市、呼伦贝尔市、吉林市、大兴安岭地区、苏州市、淮安市、镇江市、宁波市、温州市、池州市、南平市、景德镇市、赣州市、青岛市、济源市、武汉市、广州市、桂林市、广元市、遵义市、昆明市、延安市、金昌市、乌鲁木齐市开展第二批国家低碳省区和低碳城市试点工作。自低碳省市试点工作开展以来，各试点省市发展和改革委员会结合当地经济发展特点，积极探索绿色低碳发展路径，在整体规划、产业结构调整、能源结构优化、城市低碳交通发展、碳交易机制建立、低碳生活及消费模式转型等方面做出了很多富有创新意义的尝试。总体上，低碳试点工作已经取得了一定进展，积累了大量宝贵的成功经验，有必要进行总结和推介。

　　本书以国家低碳试点为题材，通过政策文件梳理、实地调研考察、低碳试点交流座谈等方式获取材料，对试点地区和城市的低碳推进之路及其取得的阶段性成果经验进行必要总结，包括低碳设计思路、低碳运行管理模式、推进措施、低碳政策、低碳成效以及低碳实践的进一步展望等，旨在发挥各地成功低碳实践的示范作用、带动作用和引领作用，把这些可行的低碳发展经验向全国其他地区推广或引导借鉴。本书涉及低碳发展主要领域包括低碳产业、低碳能源、低碳交通、低碳建筑、碳权交易、低碳生活以及碳汇增加等方面。通过总结发现，我国大部分试点地区或城市在低碳发展领域都已经探索出不少行之有效的发展模式和工作经验，下一步可通过多种渠道和方式进一步深化加强各地区之间的交流与合作，稳步渐进地、因地制宜向全国其他地区推广、应用和实践现行的低碳发展模式并促进持续创新，争取尽快在全国范围内全面建成低碳型社会。

目 录
Contents

第一章

低碳思潮与低碳发展新纪元

纵观人类社会发展的基本历程，伴随着人口规模的不断增长和生产力的持续提高，从农耕文明时代到工业文明时期，对自然资源的消耗和生态环境的破坏日趋增强。时至今日，环境问题空前严峻，二氧化碳排放量越来越大，地球臭氧层正遭受前所未有的危机，全球灾难性的气候变化屡屡出现。其中，以地球变暖为特点的全球气候变化无疑会给人类及生态系统带来诸多灾难，诸如极端天气、冰川消融、永久冻土层融化、珊瑚礁死亡、海平面上升、生态系统改变、旱涝灾害增加、致命热浪等等，严重危及工农业生产和人类健康甚至生存。为此，自20世纪中叶起，关于全球环境问题的讨论日益增多，生态文明理念逐渐深入人心，人们越来越认识到，全人类必须一致行动起来阻止这场环境灾难，在这一背景下，低碳发展思潮日益盛行，人类社会开始进入低碳革命的新纪元。中国政府一直积极推进低碳发展，2010年正式启动推进低碳试点工作，旨在在全国范围选定若干地区先行探索低碳发展的有效路径和模式。

一、低碳发展思潮与理念的源起

对人口发展、经济增长中的环境问题（例如污染排放及其对生态环境的破坏）和人类活动引起环境变化的研究由来已久。早期经典的、在国际上有较大影响力的两部著作中分别提到人类活动对环境造成负面影响，引起世人关注和高度重视。一是 1962 年美国生物学家雷切尔·卡逊（Rachel Carson）的小说《寂静的春天》（Silent Spring）中提到由于科技和经济的发展，特别是人类通过化学杀虫剂等有害物的利用导致生物多样性减少，破坏了生态环境。二是 1972 年美国丹尼斯·米都斯（Dennis Meadows）教授为首组成的罗马俱乐部成员在《增长的极限》报告中提出，如果工业化、人口增长按照现有趋势发展，在不久的将来不可再生资源耗尽和环境恶化的问题会面临增长的极限，也即零增长。正是这两部著作的广泛影响，自 20 世纪六七十年代以来，对人类活动与环境问题的研究引起了国际社会和学术界的广泛关注，经历半个世纪方兴未艾。由于人们对环境问题的日益关心，尤其是 20 世纪七八十年代以来随着全球变暖日益明显，碳排放问题逐渐引起了全世界重视，关于全球共同致力减少温室气体及降低温室效应①的倡议以及逐渐盛行的低碳发展思潮也即起源于这一时期。

1972 年，第一届联合国环境会议在瑞典首都斯德哥尔摩召开，各国政府代表团及政府首脑、联合国机构和国际组织代表参加了此次会议。会议通过了《联合国人类环境会议宣言》，要求全球关注并出台国际政策以解决全球环境问题，特别是关注气候变化。这次会议可以看作人类关注气候变化问题的一次里程碑性事件，开起了低碳发展的热议，随后在世界范围内展开了一系列关于应对气候变化的讨论。到 1988 年，联合国建立了政府间气候变化专门委员会（Inter - Governmental Panel on Climate Change，IPCC），负责研究、整理全球专业机构气候变化研究成果，并发表具有各国政府背景的报告，从而为气候变化的研究和政策制定提供科学依据。1990 年该委员会发表了第一份

---

① 根据《中国低碳年鉴 2010》第 997 页：大气层中存在多种温室气体，包括二氧化碳、甲烷、氧化亚氮、全氟化碳、六氟化硫等。瑞典化学家 1896 年发现，大气层中的温室气体有一种特殊作用，能够使太阳能量通过短波辐射达到地球，而地球以长波辐射形式向外散发的能量却无法透过温室气体层，这种现象称为"温室效应"。

报告，认为温室气体的持续大量排放将在大气中逐渐积累，最终将导致气候变化，变化的速度和幅度将对社会经济和自然生态系统产生严重的负面影响。由此，关于环境及气候变化问题，开始引起国际社会的共同关注，一些国际会议和国际组织不断在理论上对低碳发展做出积极探索。从环境发展角度看，可持续发展理念下的生态经济、循环经济、绿色经济等概念内涵与低碳发展实质上是异曲同工。进入21世纪，低碳发展理念已逐渐深入人心，关于低碳发展已经从理论研究、路径讨论、模式探索逐渐走向实践层面，低碳发展理念被贯彻到低碳生产和低碳生活方式的各个层面，尤其在中国近年来低碳城市、低碳园区、低碳社区、低碳建筑、低碳交通、低碳企业、低碳学校、低碳家庭建设业已全面推进。

二、人类迈入低碳时代新纪元

一般认为，在人类社会发展进程中，世界文明先后经历了三次浪潮。第一次浪潮是农业文明，实现了人类农耕文明的兴起，带动农业的辉煌发展；第二次浪潮是工业文明，由农业文明向工业文明转变，带来了工业化的飞速发展；第三次浪潮是信息化，引领信息化改革，全球进入知识经济时代。随着全球气候变化[①]特别问题的日益严重，人们认为，继工业化、信息化浪潮之后，世界将迎来第四次文明革命，即生态文明，其中尤以低碳化发展浪潮为关键。实质上，1992年6月，在巴西里约热内卢召开了联合国环境与发展大会，这次大会的一项重要成果就是开放签署由同年5月份联合国政府间谈判委员会就气候变化问题达成的《联合国气候变化框架公约》（United Nations

---

① 根据杨喆编著的《低碳城市建设手册》（经济管理出版社2013年版），"气候变化"是指"气候的平均状态在持续较长时间内（数十年或更长）所发生的在统计学上的显著改变，这种变化可以由自然界的内部过程或外部因素引起，也可以由持久的人类活动改变了大气的组成或土地利用方式等因素引起"。

Framework Convention on Climate Change，简称《框架公约》，英文缩写 UNFC-CC），公约制定的直接目标就是减少温室气体的排放，规定各缔约方应当采取措施限制温室气体排放，将大气中的温室气体浓度稳定在一个不会干扰气候正常变化的水平上。可以认为，这次会议开启了人类进入低碳社会的大门，自此人类迈入低碳时代。

随后，1997 年 12 月，《联合国气候变化框架公约》第 3 次缔约方大会在日本京都召开，会议通过了《京都议定书》，规定了各国二氧化碳排放量的降低标准，为各国采取相应的措施以有效降低碳排放量提供了可以计量的依据。该条约于 2005 年 2 月 16 日正式生效。然而，世界上温室气体排放量最大的美国曾在 1998 年签署了条约之后，又于 2001 年 3 月第一个退出了该条约，同时工业化国家对议定书中认定的减排责任迟迟未能落实，一些已经制定的机制也存在经常被修改的现象，使得降低碳排放的工作进展十分缓慢。2007 年 12 月，联合国气候变化大会在泰国巴厘岛举行，大会决议在 2009 年前就应对气候变化问题进行谈判，随即制定了享有广泛影响力的应对气候变化的"巴厘岛路线图"，旨在期待针对气候变化全球变暖而寻求国际共同解决措施。虽然在全球低碳行动中的利益磋商与协调面临矛盾重重，有时甚至在局部地区或少部分国家出现停滞或倒退，但这不影响当今社会低碳发展的总体趋势。并且历次联合国环境与发展大会的召开，在全世界都引起强烈的反响，各国政府在环境问题上越来越感受到来自民众的压力，为低碳发展理念在全球践行营造了良好的氛围。

总之，长期以来人类发展对碳基能源的过分依赖及其消耗的大规模快速增长，导致以二氧化碳为主体的温室气体的过度排放，带来了温室效应，对全球环境、经济乃至人类社会都产生巨大影响。解决世界气候和环境问题，低碳化是一条根本途径，也是人类发展的必由之路。低碳化是一项动态的系统工程，必须从经济社会发展的整体出发，努力构建完善低碳发展体系，主要包括以下领域。

①低碳能源。促进能源低碳化，首要的是发展对环境、气候影响较小的低碳替代能源。低碳能源主要有两大类：一类是清洁能源，如核电、天然气等；一类是可再生能源，如风能、太阳能、生物质能等。核能作为新型能源，具有高效、无污染等特点，是一种清洁优质的能源。天然气是低碳能源，燃烧后无废渣、废水产生，具有使用安全、热值高、洁净等优势。可再生能源是可以永续利用的能源资源，对环境的污染和温室气体排放量远低于化石能源，甚至可以实现零排放，特别是利用风能和太阳能发电，完全没有碳排放。利用生物质能源中的秸秆燃料发电，农作物可以重新吸收碳排放，具有一定的"碳中和"效应。其次，我们也认识到，在当前技术水平和人类发展需求日益增长的背景下，可再生能源还不能完全取代碳基能源，可以通过技术创新提高能源利用效率、降低能耗使用规模等途径来减少化石能源消耗所带来的碳排放。

②低碳产业。产业发展是经济增长的重要支撑，也是人类获取物质生活的重要手段。加快产业低碳化是减少碳排放的关键。一是低碳农业，重视发展植树造林、有机农业等。植树造林是农业低碳化最简易、最有效的途径。大力提倡植树造林，重视培育林地，特别是营造生物质能源林，有利于吸碳排污、改善生态。有机农业则以生态环境保护和安全农产品生产为主要目的，大幅度地减少化肥和农药使用量，减轻农业发展中的碳含量。二是低碳工业，发展节能型工业，重视绿色制造，鼓励循环经济。工业节能包括结构节能、技术节能和工业管理节能等方面。着力加强管理，提高工业生产中的能源利用效率，减少污染排放；主攻技术节能，研发节能材料，改造和淘汰落后产能，快速有效地促进工业节能减排。大力发展循环经济，在生产过程中，物质和能量在各个生产企业和环节之间进行循环、多级利用，减少能源资源的消耗甚至浪费，从而达到碳减排的目的。三是低碳服务业。从生产和生活服务业流程的服务设计、服务耗材、服务产品、服务营销、服务消费等各个环节着手节约资源和能源，着力减少碳排放。

　　③低碳交通①。交通运输业是国民经济和社会发展的基础性、先导性产业和服务业型行业，随着交通设施的完善以及汽车时代的到来，交通运输业的能源消耗日益增多，其排放的污染物和温室气体也与日俱增。面对不断恶化的气候和环境，交通运输领域必须转变发展方式，实施交通低碳化也是必然趋势。一是要积极发展新能源汽车和电气轨道交通等低碳型的交通工具。目前新能源汽车主要包括混合动力汽车、纯电动汽车、氢能和燃料电池汽车、乙醇燃料汽车、生物柴油汽车、天然气汽车、二甲醚汽车等类型。电气轨道交通是以电气为动力，以轨道为走行线路的客运交通工具，已成为理想的低碳运输方式。其中，城市电气轨道交通分为城市电气铁道、地下铁道、单轨、导向轨、轻轨、有轨电车等多种形式。二是积极倡导居民绿色出行，尽可能乘坐公共汽车，或者在通勤距离较短的情况鼓励骑自行车、步行等，以减少汽车能源消耗和碳排放。当然，除此之外，还要加快完善地区交通运输体系以提高交通运行效应，以及在新能源汽车尚未普及的发展阶段，要加快以化石能源为动力的汽车以及其他交通运输工具在节能技术上不断更新换代，尽可能减少能耗和碳排放。

　　④低碳建筑。建筑是人类生产和生活活动的重要场所，加快促进建筑低碳化是实现低碳发展的重要组成部分。一般来说，低碳建筑就是指在建筑材料与设备制造、施工建造和建筑物使用的整个生命周期内，减少化石能源的使用，提高能效，降低二氧化碳排放量。目前低碳建筑已逐渐成为国际建筑界的主流趋势。建筑节能要求在建筑规划、设计、建造和使用过程中，通过可再生能源的应用、自然通风采光的设计、新型建筑保温材料的使用、智能

---

　　①　根据国家发展改革委宏观经济研究院《低碳发展方案编制原理与方法》教材编写组著的《低碳发展方案编制原理与方法》第248页：低碳交通是指在对气候变化及其人类生存严重影响的认识不断加深的背景下，以节约能源和减少碳排放、实现社会经济可持续发展和保护人类生存环境为根本出发点，根据各种运输方式的技术经济特征，采用系统调节和创新应用绿色技术等手段，实现各种运输方式效率提升、运输结构优化、运输需求合理调控、运输组织管理创新等，最终实现交通运输的全周期、全过程的低碳化。

控制等降低建筑能源消耗，合理、有效地利用能源。同时，建筑节能要在设计上引入低碳理念，选用隔热保温的建筑材料、合理设计通风和采光系统、选用节能型取暖和制冷系统等。随着太阳能技术应用的日益成熟，太阳能建筑越来越受到大家欢迎，利用太阳能代替常规能源，通过太阳能热水器和光伏阳光屋顶等途径，为建筑物和居民提供采暖、热水、空调、照明、通风、动力等一系列功能。这样，利用太阳能可实现"零能耗"，即建筑物所需的全部能源供应均来自太阳能，常规能源消耗为零。

⑤低碳消费。低碳消费是一种新型的健康生活方式，也即低碳生活。低碳消费要从绿色消费、绿色包装、回收再利用、节约生活等方面进行消费引导。绿色消费是一种以适度节制消费，避免或减少对环境的破坏，崇尚自然和保护生态等为特征的新型消费行为和过程。通过绿色消费引导，使消费者形成良好的消费习惯，接受消费低碳化，支持循环消费，倡导节约消费，实现消费方式的转型与可持续发展。绿色包装是能够循环再生再利用或者能够在自然环境中降解的包装，要求包装材料和包装产品在整个生产和使用的过程中对人类和环境不产生危害，包括适度包装，在不影响性能的情况下所用材料最少，易于回收和再循环，包装废弃物的处理不对环境和人类造成危害。另外，消费环节必须注重回收利用，在消费过程中应当选用可回收、可再利用、对环境友好的产品，包括可降解塑料、再生纸以及采用循环使用零部件的机器等。对消费使用过可回收利用的产品，如汽车、家用电器等，要修旧利废，重复使用和再生利用。当然，低碳消费还包括日常生活消费的方方面面，其中践行节约生活也是促进低碳的重要方式。为此，要在全社会倡导低碳消费，全面促进低碳型社会建设。

⑥增加碳汇。由于陆地植物在自然生长过程中要利用二氧化碳的光合作用合成有机物，这样陆地植物就有天然的自然碳捕集和封存的功能。在陆地生态系统中，森林是陆地生态系统中最大的碳库，在降低大气中温室气体浓度、减缓全球气候变暖中，具有十分重要的独特作用。因此，通过植树造林

等持续增加森林面积，增强森林碳汇①的功能，科学促进森林加快生长，提高蓄积量是增加碳汇的重要途径。与此同时，在城市化建设过程中，通过绿化行动，包括市森林建设、草场建设、湿地保护、农业耕地建设、道路绿化体系建设以及流域两岸绿化建设等多种方式也可以促进碳汇增加。

当然，促进实现低碳发展，还需要制度建设、体制机制完善、法律法规制定和其他多项配套工作，包括建立碳税与碳捕集和封存相结合的联动机制、推进碳排放交易、完善碳排放管理体制和机制，建立碳排放统计和监测体系等。可见，进入低碳时代，低碳就在身边，低碳就在生产和生活活动的方方面面，需要强化各方面的制度建设，倡导全球各国人民的统一低碳行动。

三、中国低碳发展的总体成绩

随着我国低碳战略②的深化推进，低碳经济③理念日益深入人心，全国各地区、各部门根据自身领域的低碳发展做出了诸多有益的探索，近年来低碳发展总体上取得了显著的成效，为下一步实现全面低碳转型奠定了坚实的基础。

进入"十一五"时期，我国低碳发展进入了炽热化的阶段，得到了来自党中央国务院领导、国家相关部委、地方省市区县党政部门以及其他利益相

---

① 根据《中国低碳年鉴 2010》第 1004 页：森林碳汇是指森林系统吸收二氧化碳并将其固定在植被或土壤中的过程、活动和机制。

② 根据《中国低碳年鉴 2010》第 1001 页：低碳战略可以大致分为三个阶段：节能减排、使用新能源和碳捕获技术。第一阶段是提高能源使用效率和降低排放量，以及用新兴的碳交易手段促进减排意愿；第二阶段则从源头上减少化石能源的使用，代之以更为清洁的能源包括风能、太阳能等；第三阶段侧重末端治理，力图将化石燃料燃烧后排放的二氧化碳捕获贮存设施中或固化，从而使零排放成为可能。

③ 根据《中国低碳年鉴 2010》第 1001 页：低碳经济是低碳发展、低碳产业、低碳技术、低碳生活等一类经济形态的总称。低碳经济以低能耗、低排放、低污染为基本特征，以应对碳基能源对于气候变暖影响为基本要求，以实现经济社会的可持续发展为基本目的，是人类社会农业文明、工业文明滞后的又一次重大进步。

关者的大力推动。使得"十一五"时期的低碳发展成效尤为显著。2011 年 11
月，中国科学技术部、中国气象局和中国科学院在北京联合发布了《第二次
气候变化国家评估报告》。该报告认为，中国目前正处于工业化、城镇化和国
际化快速发展阶段，能源结构以煤为主，能源消费和温室气体排放增长都比
较快；不过，作为发展中国家，本着对全球负责的精神和推进可持续发展战
略的要求，中国已经通过推进经济结构调整、努力提高能源效率、节约能源、
积极开发利用可再生能源、大力开展植树造林等方面的政策和措施，在控制
温室气体排放方面取得了积极的进展，为减缓全球温室气体排放的增长做出
了积极的贡献。从指标上看，报告的分析数据显示，"十一五"（2006～2010
年）期间，我国累计减少二氧化碳排放 14.6 亿吨；以能源消费年均 6.6% 的
增速支持了国民经济年均 11.2% 的增速，能源消费弹性系数由"十五"时期
的 1.04 下降到 0.59，从而根本性地扭转了我国工业化、城镇化加快发展阶段
能源消耗强度大幅上升的趋势。另外，《中国低碳年鉴》（2011 年）报告显
示："十一五"期间单位国内生产总值能耗下降 19.1%，完成了"十一五"
规划提出的单位国内生产总值能耗下降 20% 左右的目标任务。截至 2010 年
底，我国核电投产装机容量突破 1082 万千瓦，成为全球核电在建规模最大的
国家；我国累计风电装机容量超过 4200 万千瓦，居世界第二位；光伏电池产
量占全球产量的 40%，居世界首位；太阳能发电开始起步，太阳能热水器安
装使用总量达 1.68 亿平方米；生物质发电装机约 500 万千瓦，沼气年利用量
达约 140 亿立方米，生物燃料乙醇利用量 180 万吨。同时，"十一五"期间我
国森林覆盖率增加 2.15 个百分点，森林储积净增 11.23 亿立方米，森林植被
总碳储量达 78.11 亿吨，成为人工林吸收二氧化碳最多的国家。显然，在
"十一五"时期，我国各领域的低碳发展特别是经济结构调整、能源结构以及
森林碳汇等方面取得了显著成效。

　　《中国应对气候变化的政策与行动 2012 年度报告》显示，2011 年碳减排
工作取得了较好的成绩。2011 年全国万元 GDP 能耗为 0.793 吨标准煤（按

2010 年价格），比 2010 年降低 2.1%。主要工业单位产品综合能耗有不同程度降低，2011 年与 2010 年相比，重点大中型钢铁企业吨钢综合能耗、氧化铝综合能耗、铅冶炼综合能耗分别同比下降 0.8%、3.3%、4%。2011 年，全国城镇新建建筑设计阶段执行节能 50% 强制性标准基本达到 100%，施工阶段的执行比例为 95.5%，新增节能建筑面积 13.9 亿平方米；公共机构人均综合能耗比 2010 年下降 2.93%，单位建筑面积能耗下降 2.24%。淘汰落后产能方面，2011 年全国共关停小火电机组 800 万千瓦左右，淘汰落后炼铁产能 3192 万吨、炼钢产能 2846 万吨、水泥（熟料及磨机）产能 1.55 亿吨、焦炭产能 2006 万吨、平板玻璃 3041 万重量箱、造纸产能 830 万吨、电解铝产能 63.9 万吨、铜冶炼产能 42.5 万吨、铅冶炼产能 66.1 万吨、煤产能 4870 万吨。在节能服务产业发展方面，2011 年产值达到 1250 亿元，同比增长 49.5%，节能服务公司共实施合同能源管理项目 4000 多个，投资额 412 亿元，同比增长 43.5%，实现节能量 1600 多万吨标准煤。森林碳汇发展方面，2011 年全国共完成造林面积 599.66 万公顷；城市绿地面积达 224.29 万公顷，城市人均公园绿地面积、建成区绿地率和绿化覆盖率三项绿化指标分别达到 11.80 平方米、35.27% 和 39.22%。截至 2012 年 8 月底，中国共批准了 4540 个清洁发展机制项目，预计年减排量近 7.3 亿吨二氧化碳当量，主要集中在新能源和可再生能源、节能和提高能效、甲烷回收利用等方面；注册项目中已有 880 个项目获得签发，总签发量累计 5.9 亿吨二氧化碳当量。

《中国应对气候变化的政策与行动 2013 年度报告》显示，2012 年全国单位国内生产总值二氧化碳排放较 2011 年下降 5.02%。到 2012 年底，中国节能环保产业产值达到 2.7 万亿元人民币。目前，中国水电装机、核电在建规模、太阳能集热面积、风电装机容量、人工造林面积均居世界第一位，为应对全球气候变化做出了积极贡献。2012 年继续淘汰炼铁落后产能 1078 万吨、炼钢 937 万吨、焦炭 2493 万吨、水泥（熟料及磨机）25829 万吨、平板玻璃 5856 万重量箱、造纸 1057 万吨、印染 32.6 亿米、铅蓄电池 2971 万千伏安时。截至2012年底，中国一次能源消费总量为36.2亿吨标准煤。其中，煤炭占一次能源消费总量比重为67.1%，比2011年下降了1.3个百分点；石油和天然气占一次能源消费总量的比重分别为18.9%和5.5%，比2011年分别提高0.3和0.5个百分点；非化石能源占一次能源消费总量的比重为9.1%，比2011年提高1.1个百分点。截至2012年底，北方地区既有居住建筑供热计量及节能改造5.9亿平方米，形成年节能能力约400万吨标准煤，相当于少排放二氧化碳约1000万吨。全国城镇新建建筑执行节能强制性标准基本达到100%，累计建成节能建筑面积69亿平方米，形成年节能能力约6500万吨标准煤，相当于少排放二氧化碳约1.5亿吨。2012年交通运输行业共实现节能量420万吨标准煤，相当于少排放二氧化碳917万吨。2012年至2013年上半年，全国完成造林面积1025万公顷、义务植树49.6亿株，完成森林抚育经营面积1068万公顷，森林碳汇能力进一步增强。

可见，"十二五"前期，我国低碳发展工作依然深化推进，取得显著成绩。同时，也应该看到，从发展阶段看，中国仍然且将持续一段时期内处于工业化和城镇化的快速推进过程中，经济增长较快，能源消费和二氧化碳排放总量大，并且还将继续增长，控制温室气体排放需要付出长期、艰苦的努力。

四、中国低碳试点全面启动

一直以来，中国政府本着对本国人民和世界人民高度负责任的态度，充分认识到应对气候变化的重要性和紧迫性。作为发展中大国，中国在努力解决人口贫困以及城乡、区域、经济社会发展不平衡等诸多发展问题的同时，也积极、主动地肩负起大国责任，对气候变化问题给予了高度重视，已经并将继续坚定不移为应对全球气候变化做出切实的努力。一方面深化国际合作与交流，并积极向其他发展中国家提供力所能及的帮助，另一方面在国内通过国家低碳战略下的各项政策引导和推动，大力促进产业节能减排、能源结构调整，倡导低碳交通、低碳建筑、低碳生活以及增加森林碳汇等多种措施全面推进经济社会发展向低碳化转型。如表 1-1 所示，自 1998 年以来，我国在促进低碳发展方面的工作持续深化推进，力度不断加大，特别是 2010 以来，在全国开展低碳试点工作开启了我国的低碳实践的全新篇章。

表 1-1　　　　　　　　　近年来国家应对气候变化的重要事件

年份	主要政策措施	重要意义
1998	中国国家气候变化对策协调小组成立	标志从国家战略层面，对应对气候变化、促进低碳发展的高度重视及推进决心
2002	发展改革委应对气候变化司主办、国家信息中心中经网制作维护的中国第一个"中国气候变化信息网"投入使用	宣传中国政府在气候变化方面的相关政策以及研究成果，在国际社会树立我国保护全球气候的形象；促进气候变化知识的普及和公众意识的提高
2004	发展改革委发布了中国第一个《节能中长期专项规划》	中国中长期节能工作的指导性文件和节能项目建设的重要依据
2005	全国人大常委会审议通过《中华人民共和国可再生能源法》	明确了政府、企业和用户在可再生能源开发利用中的责任和义务，提出了包括总量目标制度、发电并网制度、价格管理制度、费用分摊制度、专项资金制度、税收优惠制度等一系列政策和措施
2007	国务院总理温家宝牵头成立国家气候变化及节能减排工作领导小组；发展改革委制定《中国应对气候变化国家方案》	标志着中国已经建立了较为完善的应对气候变化的政策体系
2008	发展改革委《中国应对气候变化的政策与行动白皮书》首次发布，此后连年发布	梳理中国应对气候变化的各项政策措施、具体行动及其成效，为下一步低碳发展提供基础和经验
2009	《全国人大常委会关于积极应对气候变化的决议》发布	我国最高国家权力机关首次专门就应对气候变化这一全球性重大问题做出决议

续表

年份	主要政策措施	重要意义
2010	发展改革委公布《关于开展低碳省区和低碳城市试点工作的通知》	标志着中国低碳发展迈出重要步伐；有利于充分调动各方积极性、积累对不同地区和行业分类指导的工作经验，是推动落实我国控制温室气体排放行动目标的重要抓手
2010	《中国低碳年鉴》（2010）作为首部大型低碳典籍公开出版，此后连年发布	记载我国低碳发展的历程和实际状况，包括低碳发展的法律法规、政策文件、领导讲话、重大事件、统计数据、地方和行业低碳实践等
2012	国家发展改革委印发《关于开展第二批国家低碳省区和低碳城市试点工作的通知》	在"十八大"生态文明建设战略要求下，进一步扩大我国低碳试点范围

注：①1990年，中国政府在当时的国务院环境保护委员会下设立了国家气候变化协调小组，由当时的国务委员宋健同志担任组长，协调小组办公室设在原国家气象局。1998年，在中央国家机关机构改革过程中，设立了国家气候变化对策协调小组，由原国家发展计划委员会主任曾培炎同志任组长。小组由国家发展计划委员会牵头，成员由当时的国家发展计划委员会、国家经贸委、科技部、国家气象局、国家环保总局、外交部、财政部、建设部、交通部、水资源部、农业部、国家林业局、中国科学院以及国家海洋局等部门组成，其日常工作由国家气候变化对策协调小组办公室负责。

根据《联合国气候变化框架公约》，要求所有缔约方制定、执行、公布并经常更新应对气候变化的国家方案，2007年4月国务院即发布《关于印发中国应对气候变化国家方案的通知》（国发〔2007〕17号），该方案较为系统地提出了中国应对气候变化的要求及政策措施，国务院同时提出七点要求：一是充分认识应对气候变化的重要性和紧迫性；二是明确实施《国家方案》的总体要求；三是落实控制温室气体排放的政策措施；四是增强适应气候变化的能力；五是充分发挥科技进步和技术创新的作用；六是健全体制机制；七是加强组织领导。

2009年8月，第十一届全国人民代表大会常务委员会第十次会议通过国务院《关于应对气候变化工作情况的报告》，发布《全国人大常委会关于积极应对气候变化的决议》，这是我国最高国家权力机关首次专门就应对气候变化这一全球性重大问题做出决议，是我国应对全球气候变化的重大举措之一。决议内容包括六个方面：一是应对气候变化是中国经济社会发展面临的重要机遇和挑战；二是应对气候变化必须深入贯彻落实科学发展观；三是采取切实措施积极应对气候变化；四是加强应对气候变化的法治建设；五是努力提高全社会应对气候变化的参与意识与能力；六是积极参与应对气候变化领域的国际合作。其中，应对措施上，包括要强化节能减排，努力控制温室气体排放；要增强适应气候变化能力；要充分发挥科学技术的支撑和引领作用；要立足国情发展绿色经济、低碳经济；要把积极应对气候变化作为实现可持续发展战略的长期任务纳入国民经济和社会发展规划，明确目标、任务和要求。

2010 年 7 月 19 日，发展改革委正式发布《国家发展改革委关于开展低碳省区和低碳城市试点工作的通知》（发改气候〔2010〕1587 号），决定在广东、辽宁、湖北、陕西、云南五省和天津、重庆、深圳、厦门、杭州、南昌、贵阳、保定八市开展低碳试点工作。通知中明确低碳试点的五项具体任务：一是编制低碳发展规划；二是制定支持低碳绿色发展的配套政策；三是加快建立以低碳排放为特征的产业体系；四是建立温室气体排放数据统计和管理体系；五是积极倡导低碳绿色生活方式和消费模式。

随后，8 月 18 日，发展改革委在北京召开会议，正式启动国家低碳省区和低碳城市试点工作。会上，发展改革委副主任解振华同志指出，党中央、国务院历来高度重视应对气候变化工作，从对中华民族和全人类长远利益负责出发，明确提出把应对气候变化作为经济社会发展的一项重大战略。发展改革委确定在全国开展低碳试点工作是新形势下中国积极应对气候变化采取的一项重大举措，是促进可持续发展的现实需要。低碳试点工作的启动标志着中国低碳发展迈出又一重要步伐，有利于充分调动各方积极性，积累在不同地区推动低碳绿色发展的有益经验，探索中国如何在工业化城镇化快速发展阶段，既发展经济、改善民生，又积极应对气候变化、降低碳强度。试点地区将成为中国低碳发展的排头兵，将对全国其他地区的低碳发展起到示范、带动和引领作用。

2012 年 12 月，为落实党的十八大关于大力推进生态文明建设、着力推动绿色低碳发展的总体要求和"十二五"规划纲要关于开展低碳试点的任务部署，加快经济发展方式转变和经济结构调整，确保实现我国 2020 年控制温室气体排放行动目标，根据国务院印发的《"十二五"控制温室气体排放工作方案》（国发〔2011〕41 号），发展改革委印发《关于开展第二批国家低碳省区和低碳城市试点工作的通知》（以下简称《通知》）。此次扩大试点范围，是探寻不同类型地区控制温室气体排放路径、实现绿色低碳发展的重要举措。《通知》正式确定在北京市、上海市、海南省和石家庄市、秦皇岛市、晋城市、呼伦贝尔市、吉林市、大兴安岭地区、苏州市、淮安市、镇江市、宁波市、温州市、池州市、南平市、景德镇市、赣州市、青岛市、济源市、武汉市、广州市、桂林市、广元市、遵义市、昆明市、延安市、金昌市、乌鲁木齐市开展第二批国家低碳省区和低碳城市试点工作。《通知》提出了试点工作的 6 项具体任务[①]。

一是明确工作方向和原则要求。要把全面协调可持续作为开展低碳试点的根本要求，以全面落实经济建设、政治建设、文化建设、社会建设、生态文明建设五位一体总体布局为原则，进一步协调资源、能源、环境、发展与改善人民生活的关系，合理调整空间布局，积极创新体制机制，不断完善政策措施，加快形成绿色低碳发展的新格局，开创生态文明建设新局面。

二是编制低碳发展规划。要结合本地区自然条件、资源禀赋和经济基础等方面情况，积极探索适合本地区的低碳绿色发展模式。发挥规划综合引导作用，将调整产业结构、优化能源结构、节能增效、增加碳汇等工作结合起来。将低碳发展理念融入城市交通规划、土地利用规划等相关规划中。

三是建立以低碳、绿色、环保、循环为特征的低碳产业体系。要结合本地区产业特色和发展战略，加快低碳技术研发示范和推广应用。推广绿色节

---

① 资料来源：国家发展和改革委员会官方网站（http://www.sdpc.gov.cn/gzdt/t20121205_517506.htm）。

能建筑，建设低碳交通网络。大力发展低碳的战略性新兴产业和现代服务业。

四是建立温室气体排放数据统计和管理体系。要编制本地区温室气体排放清单，加强温室气体排放统计工作，建立完整的数据收集和核算系统，加强能力建设，为制定地区温室气体减排政策提供依据。

五是建立控制温室气体排放目标责任制。要结合本地实际，确立科学合理的碳排放控制目标，并将减排任务分配到所辖行政区以及重点企业。制定本地区碳排放指标分解和考核办法，对各考核责任主体的减排任务完成情况开展跟踪评估和考核。

六是积极倡导低碳绿色生活方式和消费模式。要推动个人和家庭践行绿色低碳生活理念。引导适度消费，抑制不合理消费，减少一次性用品使用。推广使用低碳产品，拓宽低碳产品销售渠道。引导低碳住房需求模式。倡导公共交通、共乘交通、自行车、步行等低碳出行方式。

与此同时，《通知》对做好低碳试点工作提出了明确的要求。一是低碳试点工作涉及经济社会、资源环境等多个领域，关系经济社会发展全局。各试点省市要加强对试点工作的组织领导，主要领导要亲自抓。发展改革部门要做好组织协调工作。有试点任务的省发展改革委要加强对低碳试点工作的支持和指导，协调解决工作中的困难和问题。二是试点工作要按照十八大要求，贯彻落实科学发展观，牢固树立生态文明理念，大胆探索、务求实效、扎实推进，注重积累成功经验，坚决杜绝概念炒作和搞形象工程。各试点省市要抓紧完善试点工作初步实施方案。三是国家发展改革委将与试点省市发展改革部门建立联系机制，加强沟通、交流，定期对试点开展情况进行评估，指导试点省市开展相关国际合作，加强能力建设，做好引导服务。对于试点省市的成功经验和做法将及时总结，并加以示范推广。

第二章

构建低碳产业体系的经验及推进措施

低碳产业，顾名思义就是在产业发展过程中以尽可能低的碳排放为主要特征。产业低碳化是一种新的主动型的低碳发展模式，其实质是摒弃传统的经济增长模式，通过低碳经济模式与低碳生产方式来减少温室气体特别是二氧化碳的排放。长期以来，我国的工业化和城镇化基本依赖高消耗、高排放的粗放型的产业发展支撑，当前在全国低碳发展战略和低碳经济背景下迫切需要改变传统的经济增长方式，为此加快促进产业低碳转型刻不容缓。国家发展和改革委员会在低碳试点工作的通知中，明确提出试点地区要建立以低碳、绿色、环保、循环为特征的低碳产业体系，结合本地区产业特色和发展战略，加快低碳技术研发示范和推广应用。虽然我国目前尚未全面建立起低碳产业体系，但是已有不少地区在低碳产业发展领域积累了不少有益的探索和推进经验，值得推广学习和其他地区借鉴。

一、国家层面出台政策加快推进产业结构调整

由于产业发展包括农业、工业和服务业等不同生产部门，同时涉及三次产业全领域的节能减排、低碳技术研发与推广应用、循环经济模式推广、清

洁生产等不同方面的低碳发展任务，因此在国家层面围绕产业结构出台的诸多指导意见、政策文件、法律法规、工作方案及规划文本等，在一定程度上都是推进产业低碳化的重要依据，为促进加快构建低碳型产业体系起到积极引导作用。

早在 2005 年 7 月，国务院就发布《关于加快发展循环经济的若干意见》（国发〔2005〕22 号），指出必须大力发展循环经济，按照"减量化、再利用、资源化"原则，采取各种有效措施，以尽可能少的资源消耗和尽可能小的环境代价，取得最大的经济产出和最少的废物排放，实现经济、环境和社会效益相统一，建设资源节约型和环境友好型社会；意见同时提出了四项重点工作，包括：一是大力推进节约降耗，在生产、建设、流通和消费各领域节约资源，减少自然资源的消耗；二是全面推行清洁生产，从源头减少废物的产生，实现由末端治理向污染预防和生产全过程控制转变；三是大力开展资源综合利用，最大程度实现废物资源化和再生资源回收利用；四是大力发展环保产业，注重开发减量化、再利用和资源化技术与装备，为资源高效利用、循环利用和减少废物排放提供技术保障。此后，全国各地区积极探索农业、工业和服务业不同领域的循环经济发展。

为降低能耗，强化生产领域的节约能源，减少二氧化碳排放，2006 年 8 月，国务院发布《关于加强节能工作的决定》（国发〔2006〕28 号），指出解决我国能源问题，根本出路就是坚持开发与节约并举、节约优先的方针，大力推进节能降耗，提高能源利用效率；建立健全节能保障机制：深化能源价格改革、拓展节能融资渠道、加大政府对节能的支持力度、实施节能税收优惠政策、实行奖励制度等。同年，中国开始实施单位 GDP 能耗公报制度，并将能耗降低指标分解到各省份，中央政府与各地政府和主要企业分别签订了节能目标责任书。这就为各地区产业节能减耗提出了明确的要求。

在清洁生产方面，2009 年 9 月工业和信息化部印发了《工业和信息化部关于加强工业和通信业清洁生产促进工作的通知》（工信部节〔2009〕461

号），指出要突出重点，加大清洁生产促进工作力度，包括制定清洁生产推行规划、开展清洁生产审核工作、建立清洁生产审核评估制度、切实实施清洁生产中高费项目、开发推广先进清洁生产技术、加强支撑体系建设等。2012年2月，时任国家主席胡锦涛签发中华人民共和国第五十四号主席令，公布由中华人民共和国第十一届全国人民代表大会常务委员会第二十五次会议于2012年2月29日通过的《全国人民代表大会常务委员会关于修改〈中华人民共和国清洁生产促进法〉的决定》，自2012年7月1日起施行。进一步完善规范了清洁生产的相关法律条文。其中，第二条明确指出，清洁生产是指"不断采取改进设计、使用清洁的能源和原料、采用先进的工艺技术与设备、改善管理、综合利用等措施，从源头削减污染，提高资源利用效率，减少或者避免生产、服务和产品使用过程中污染物的产生和排放，以减轻或者消除对人类健康和环境的危害"。

随着各地区产业向园区集中发展的深化推进，作为产业的集聚载体，园区的低碳化发展引起了各方的普遍关注。2009年12月，环境保护部办公厅发布《关于在国家生态工业示范园区中加强发展低碳经济的通知》（环办函〔2009〕1359号），要求"国家生态工业示范园区建设单位在申报、建设、验收等各阶段，应贯彻循环经济、低碳经济理念和生态工业学原理，以低能耗、低排放、低污染为基础，通过产业优化、技术创新、管理升级等措施，不断提高能源利用效率和改善能源结构；根据各园区特点从低碳产业、低碳生产、低碳产品、低碳生活等方面着手，通过国家生态工业示范园区试点工作，积极探索园区和工业集聚区减少碳排的有效途径"。在这一背景下，全国不少地区掀起了建设低碳园区的热潮。

落后产能既浪费原材料资源，同时在生产过程中消耗大量的能耗，不利于低碳发展，因此加快淘汰落后产能势在必行。2010年2月，在之前淘汰落后产业工作的基础上，国务院又发布《关于进一步加强淘汰落后产能工作的通知》（国发〔2010〕7号），再次明确指出加快淘汰落后产能是加快转变经济发展方式、调整经济结构、提高经济增长质量和效益的重大举措，是加快节能减排、积极应对全球气候变化的迫切需要。2010 年 6 月，国务院办公厅颁布了《关于进一步加大节能减排力度加快钢铁工业结构调整的若干意见》（国发办〔2010〕34 号），要求加快实现钢铁工业节能减排，将控制总量、淘汰落后和技术改造结合起来。

针对工业领域的低碳发展，2012 年 12 月，工业和信息化部、国家发展和改革委员会、科学技术部、财政部联合发布关于印发《工业领域应对气候变化行动方案（2012～2020 年）》的通知（工信部联节〔2012〕621 号），通知明确指出，工业是我国能源消耗及温室气体排放主要领域，2010 年工业能源消耗达到 21 亿吨标准煤，占全社会总能源消耗的 65%，占全国化石能源燃烧排放二氧化碳的 65% 左右；其中，重化工业是工业能源消耗和温室气体排放的重点领域，钢铁、有色金属、建材、石化、化工和电力六大高耗能行业占工业化石能源燃烧二氧化碳的 71% 左右；工业温室气体排放除了能源相关的排放之外，工业生产过程温室气体排放也占一定比例，工业生产过程二氧化碳、氧化亚氮、含氟气体等温室气体排放占全国非化石能源燃烧温室气体排放的 60% 以上，工业生产过程二氧化碳排放占全国二氧化碳排放的 10% 左右。为此，提出在工业领域应对气候变化行动目标上，到 2015 年单位工业增加值二氧化碳排放量比 2010 年下降 21% 以上，到 2020 年单位工业增加值二氧化碳排放量比 2005 年下降 50% 左右，基本形成以低碳排放为特征的工业体系。为此，要推进以下重点任务：一是积极构建以低碳排放为特征的工业体系；二是大力提升工业能效水平；三是控制工业过程温室气体排放；四是加快工业低碳技术开发和推广应用；五是促进低碳工业产品生产和消费。同时，提出实施六大工程，包括工业重大低碳技术示范工程、工业过程温室气体排放控制示范工程、高排放工业产品替代示范工程、工业碳捕集、利用与封存示范工程、低碳产业园区建设试点示范工程、低碳企业试点示范工程。

在产业结构调整方面，国家也出台了不少指导意见，加快推进有利于推进低碳型产业和为低碳产业服务的相关产业发展。2010 年 4 月，国务院办公厅转发发展改革委、财政部、人民银行、税务总局等部门《关于加快推行合同能源管理促进节能服务产业发展意见的通知》（国办发〔2010〕25 号），要求充分发挥市场机制作用，加强政策扶持和引导，积极推行合同能源管理，加快节能新技术、新产品的推广应用，促进节能服务产业发展，不断提高能源利用效率。2010 年 10 月，国务院还颁布了《加快培育和发展战略性新兴产业的决定》（国发〔2010〕32 号），明确要求抓住机遇，加快培育和发展战略性新兴产业；坚持创新发展，将战略性新兴产业加快培育成为先导产业和支持产业；立足国情，重点发展节能环保产业、新一代信息技术产业、生物产业、高端装备制造产业、新能源产业、新材料产业和新能源汽车产业；把加快培育和发展战略性新兴产业作为推进产业结构升级、加快转变经济发展方式转变的重点举措；提出到 2015 年战略性新兴产业增加值占国内生产总值的比重力争达到 8% 左右，2020 年增加值占国内生产总值的比重力争达到 15% 左右。

为进一步全面指导我国"十二五"产业转型升级，2011 年 3 月 16 日，国务院发布的《中华人民共和国国民经济和社会发展第十二个五年规划纲要》中就明确指出，要"加快发展现代农业、改造提升制造业、培育发展战略新兴产业、推动服务业大发展"，旨在通过调整产业结构促进降低能源消耗强度和二氧化碳排放低强度，有效控制温室气体排放。同月 27 日，为加快转变经济发展方式，推动产业结构调整和优化升级，完善和发展现代产业体系，国家发展和改革委员会公布《产业结构调整指导目录（2011 年本）》，进一步明确当前产业结构调整和优化升级的基本方向。2013 年 2 月，为更好地适应转变经济发展方式需要，根据《国务院关于发布实施〈促进产业结构调整暂行规定〉的决定》（国发〔2005〕40 号），发展改革委会同国务院有关部门对《产业结构调整指导目录（2011 年本）》有关条目进行了调整，对鼓励类、限制类、淘汰类产业指导目录进行了必要增减。显然，加快产业结构调整和优化升级，加快发展先进制造业、优先发展现代服务业、积极发展低碳农业、大力推进发展循环经济就是推动产业低碳化发展的有效路径。我国产业结构调整的有关政策文件与指导意见大大促进了产业低碳化的进程，为全面构建低碳型产业起到重要的引导作用。

在推动碳捕集、利用和封存方面，2011 年 12 月国务院发布的《"十二五"控制温室气体排放工作方案》（国发〔2011〕41 号）明确要求，在火电、煤化工、水泥和钢铁行业中开展碳捕集试验项目，建设二氧化碳捕集、驱油、封存一体化示范工程，并对相关人才建设、资金保障和政策支持等方面做出安排。到 2013 年 4 月，发展改革委发布《关于推动碳捕集、利用和封存试验示范的通知》（发改气候〔2013〕849 号），通知指出近期推动碳捕集、利用和封存的试验示范工作主要包括以下方面：一是结合碳捕集和封存各工艺环节实际情况开展相关试验示范项目；二是开展碳捕集、利用和封存示范项目和基地建设；三是探索建立相关政策激励机制；四是加强碳捕集、利用和封存发展的战略研究和规划制定；五是推动碳捕集、利用和封存相关标准规范的制定；六是加强能力建设和国际合作。

二、推进产业低碳化发展的主要经验

由于各地区发展基础和区情差异较大，从各地区看，加快产业转型升级、促进产业节能减排和低碳发展工作的着力点也各所侧重。本节重点介绍重庆、广东、辽宁、陕西等地区在推进产业低碳化转型过程中的一些经典案例及其做法。同时，介绍目前我国在碳捕集和封存技术方面的先行典型案例。

（一）重庆市依靠技术创新引领行业低碳发展

重庆市是中国西部地区重要的中心城市，近年来一直坚持大力推动产业高端化、高质化、高新化发展，加快培育战略性新兴产业，改造提升传统优势产业，提高自主创新能力和培育自主品牌，提升产业整体竞争力，努力建设中国重要的先进制造业基地。在低碳产业体系打造方面主要推进以下方面工作：一是推动产业结构的低碳化；二是规划建设低碳产业园区；三是打造两江新区和西永微电园两个战略新兴产业核心集聚区；四是积极发展先进装备制造业；五是打造低碳集约的现代服务业；六是发展低碳农业。其中，涌现出诸多亮点。这里，重点介绍重庆钢铁新区建设以及垃圾发电项目的低碳运营情况。

1. 重钢依靠技术和工艺创新打造低碳型钢铁新区

2007 年 5 月，重钢环保搬迁正式启动，这是继首钢之后中国钢铁工业的第二家大型企业实行的环保搬迁。在新区新建过程中，全面采用新技术、新装备和新工艺，使得重钢从过去的污染大户转身为现在产业升级的西部龙头。2012 年 9 月，在北京全国钢铁工业科学技术大会上，重钢新区钢铁制造流程优化与创新项目获中国钢铁工业协会、中国金属学会冶金科学技术一等奖，重钢集团自主研发的钢铁企业二次能源高效回收及利用技术集成优化研究项目获三等奖，这些都表明在行业的能耗和减排上取得了较好的成绩。

重钢新区按照低碳、绿色的循环经济模式进行规划设计与建设，通过技术装备大型化、现代化，全面实现清洁生产，并通过建立铁素资源、能源、水资源循环和固体废弃物再资源化循环的生产体系，使重钢新区清洁生产指标将达到国际先进水平，成为名副其实的生态环保型钢铁新区。重钢新区重点采用创新"铁水一罐制"铁—钢界面技术、无蒸汽导热油蒸氨技术、太阳能＋空气源热泵供热技术、"三干"技术；发明干式 RH 真空冶金技术；建设分布式余热发电站。原重钢大渡口老区吨钢综合能耗为 687.11 千克标准煤，现重钢新区吨钢综合能耗 584.55 千克标准煤，吨钢综合能耗下降 15%；吨钢耗新水 3.8 立方米和水重复利用率 97.5%，达到世界先进水平；钢渣尾渣、高炉水渣、废旧耐材、烧结脱硫渣、废油脂等全量综合利用，综合利用率为

97.75%。其中钢铁渣利用率100%，含铁尘泥利用率100%。重钢新区达产后，年回收能源213万吨标煤，年减少CO_2的排放约420万吨；烧结烟气脱硫年减少SO_2排放约6万吨；年节约长江水资源1000万立方米。通过节能和碳减排技术的应用，年节约支出14.7亿元。可见，在钢铁行业，研究开发创新型的炼铁与炼钢生产工艺，通过利用再生炭资源或取消炭的使用，改变化石燃料的粗放使用，开发出低碳或无碳钢铁生产工艺，能大大减少碳排放，甚至部分生产环境实现碳的零排放。

重庆钢铁新区在减少碳排放方面取得的显著成效得益于技术创新，包括新技术、新装备和新工艺，用全新的技术装备新建钢铁新区，同时延长产业链条，积极推进清洁生产体系和资源循环利用体系，争取在一次生产过程中尽可能减少能耗和碳排放，在生产末端充分利用余热等二次能源，同时对生产过程中产生的废气、废水和废渣实施全过程的综合利用（见图2-1），这种低耗能、低碳排放的新型绿色钢铁生产模式值得进一步完善并在全国范围内推广。

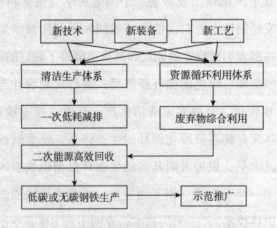

图2-1　重钢新区的低碳或无碳生产模式

2. 低碳装备制造及应用：垃圾焚烧发电行业引领

21世纪以来，随着国民经济的飞速发展和城镇化进程的加快，人民生活水平日益提高，城市生活垃圾的产生量愈来愈大。促进生活垃圾资源化产业发展，发展低碳经济，力争让城市、乡村更洁净，让地球更环保，是摆在眼前亟待推进的一项重大任务。其中，采用焚烧发电处理城市生活垃圾的方式，既能摆脱垃圾填埋对大量土地资源的占用和依赖，又能满足环境保护和资源利用的双重要求，也符合生活垃圾减量化、无害化和资源化的国家政策。

重庆三峰环境产业集团有限公司（以下简称"三峰环境"）起步于1998年，是国有大型企业—重庆钢铁集团公司的控股子公司。三峰环境一直致力于生活垃圾焚烧发电项目投资、建设和运营，通过引进德国马丁垃圾焚烧和烟气净化全套系统，经过十余年的技术消化、吸收，并结合中国垃圾的特性进行不断创新，在生活垃圾焚烧发电领域已占领行业制高点。2009年6月，由三峰环境参与起草的《生活垃圾焚烧炉及余热锅炉》国家标准正式颁布实施，进一步确立了三峰环境在生活垃圾处理行业的技术领先地位。2011年，环保部"国家环境保护垃圾焚烧处理与资源化工程技术中心"正式落户三峰环境。该技术中心将建成为我国垃圾焚烧发电技术研究开发平台，产、学、研合作示范基地，成为垃圾焚烧发电领域国内外合作与交流的窗口和技术人才、管理人才培训基地。

通过垃圾焚烧余热发电产生可观的电力资源，节省一次能源的消耗和减少二氧化碳的排放。根据我国目前已经建成焚烧厂的实际运行数据测算，1吨垃圾平均发电280度。截至目前，三峰环境在中国范围内已投资、拥有14个垃圾焚烧发电厂，日处理垃圾规模13800吨，每年焚烧垃圾的利用余热可发电约14亿度，相当于节约49万吨标准煤，减少向大气排放二氧化碳约140万吨，节能减排效果非常明显。

目前，三峰环境已成为固废领域技术领先、业绩突出、研发实力雄厚的大型企业，充分发挥行业引领作用。三峰环境作为以循环经济为核心价值的垃圾焚烧发电企业，已形成从技术研发、设备制造到项目投资、建设、运营的全产业链模式，并以垃圾焚烧为核心带动制造、建筑、安装等其他产业群共同发展。三峰环境将借助自身的技术优势、管理优势、人才优势和品牌优势，在"十二五"期间，在国内新建数十座垃圾焚烧发电厂，并走出国门投资垃圾焚烧发电产业，实现销售收入100亿元，成为中国最大的固废处理上市企业。到"十三五"，计划实现销售收入200亿元，成为国际上专业化的固废处理企业。显然，三峰环境在垃圾焚烧发电领域走出了一条"国际先进技术引进到消化吸收再创新，再到技术输出"的成功模式（见图2-2），该模式对我国低碳发展其他领域同样具有很强的借鉴意义。

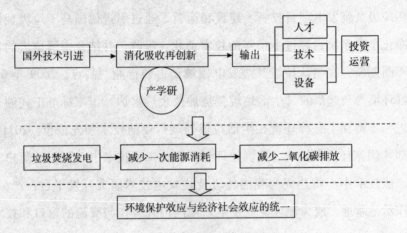

图2-2 重庆"三峰环境"的技术路径

（二）广东"腾笼换鸟"：加快发展现代服务业结构性减少碳排放

近年来，广东省大力实施"腾笼换鸟"战略，通过把劳动密集型、高投入、高消耗、高排放的粗放型产能转移出去，加快培育和引进先进制造业项目，促进产业结构调整和优化升级。在低碳项目建设上，近年广东开拓了深圳比亚迪新能源汽车、广汽集团新能源汽车、广州南沙核电装备产业园、广东明阳风电产业集团有限公司大型风力发电机组及关键部件产业化基地、广东汉能光伏有限公司非微晶叠层薄膜硅太阳能电池生产线等重大项目。同时，为推进广东国家级和省级循环经济试点工作，大力推进企业加强资源综合利用，开展节水型社会建设，加大非传统水资源的开发利用。加快建设广州市废弃物安全处置中心、粤北危险废物处理处置中心、中山市固体废物综合处理中心等重大项目。

《广东省低碳试点工作实施方案》中明确指出，为推动产业低碳化发展，除了加快发展先进制造业、积极发展低碳农业之外，还需要"优先发展现代服务业"的思路。大力发展服务业就能实现结构性减少碳排放。根据广东省地税局公布数据显示，2011 年，广东省三次产业的税收占比分别为 0.1%、42.1% 和 57.8%。作为现代产业体系核心部分的先进制造业和现代服务业得到了较快发展，产业节能减排成绩显著，促进了地区经济低碳化发展。

早在 2008 年 7 月，《中共广东省委广东省人民政府关于加快建设现代产业体系的决定》中明确提出构建现代产业体系的主体框架，发展以现代服务业和先进制造业为核心的六大产业。发展以生产性服务业为重心的现代服务业，主要包括金融业、物流业、信息服务业、科技服务业、外包服务业、商务会展业、文化创意产业和总部经济八个产业。2010 年 9 月，广东省政府办公厅印发《广东省现代产业体系建设总体规划》，提出要把珠三角地区建成世界有影响力的先进制造业和现代服务业基地，成为带动全国发展更为强大的引擎。

2012 年 4 月，广东省政府办公厅正式印发《广东省服务业发展"十二五"规划》，提出着力构建高效生产服务体系、优质生活服务体系和均等基本公共服务体系。在产业发展上，按照建立现代产业体系的要求，优先发展现代服务业，重点发展金融、现代物流、信息服务、科技服务、商务会展、文化创意、服务外包、现代旅游、健康服务等九大行业。同时，要以满足居民生活服务需求、扩大就业为目标，提升发展传统服务业；大力加强公共服务，实现城乡、区域和群体间基本公共服务均等化。在空间布局上，坚持统筹发展的方针。提出要"加快打造以服务经济为主体的环珠江口经济'湾区'和现代服务业产业集聚圈，与港澳联手共同构建有全球影响力的现代服务业基地，吸引全国乃至世界服务业高端要素集聚，形成产业发展高地和人才集聚洼地"，形成以穗深为发展核心、以珠三角地区为发展重点，辐射带动粤东西北地区全面发展，各区域产业层次明晰、主体功能突出、发展优势互补的现代服务业产业总体布局。同时，发挥区位优势，加强粤港澳服务业合作。提出要着眼于扩大区域共同利益、构建区域现代服务业发展新优势，共同打造更具综合竞争力的世界级城市群，深入实施 CEPA，全面落实粤港、粤澳合作框架协议，从产业合作、社会保障和合作平台建设三方面提出了深化粤港澳服务业合作的内容和重点。在发展目标上，提出 3 个结构指标，即服务业增加值占生产总值比重48%，现代服务业占服务业比重60%，服务业占全社会从业人员比重38%左右；2 个产业组织指标，即年营业收入超千亿的大型现代服务业产业基地（或商圈）10 个，产业集聚度高、服务功能集成、示范带动力强的现代服务业集聚区 100 个。

其中，广州 TIT 创意园、广州设计港等项目是塑造广州新形象的"文化名片"，无疑是广东实施"腾笼换鸟"、促进产业转型升级的典型代表。广州TIT 创意园，目前已建设成以服饰、时尚、文化为主题，以新产品发布、服装设计、信息咨询、专业培训等产业服务为纽带，引进国内外著名服装设计师设立工作室和著名服装品牌企业设立展示窗口，配套餐饮、休闲娱乐的现代高端创意产业园区。广州市设计港则致力于实现从"中国制造"走向"中国设计"、"中国创新"，设计港主址设在广州市荔湾区周门路，有效盘活了老城区闲置厂房和仓库，实现了资源的优化配置，形成新型特色城区工业体系，目前设计港包括总部发展区、设计示范区、设计孵化区、设计发展区、国际交流与展示中心、岭南广告湾等功能区。

再如，其中产业升级方面，在政府的大力支持和引导下，深圳市的产业结构调整与转型工作加速推进，呈现了低碳产业快速发展的良好态势。从总量上看，2010 年深圳市国民生产总值9510.91 亿元，居全国大中城市第四位，三次产业结构调整为0.1：47.5：52.4，第三产业比例比 2005 年提高 6.3 个百分点，后工业化趋势明显。高新技术、金融、物流和文化四大产业比重超过 60%，以高新技术产业、先进制造业、高端服务业为主体的现代产业体系日臻完善。产业升级加快，新能源、互联网、生物、新材料、文化创意和新一代信息技术等战略性新兴产业快速发展，低碳产业逐步呈现良好发展态势。

（三）南昌市：经济开发区全面推进"绿色园区"建设

南昌市高新技术产业开发区和经济开发区抢抓鄱阳湖生态经济区建设和南昌市作为低碳试点城市的重大历史契机，坚持绿色、生态、低碳发展理念，着力推进环境友好型现代工业园区、"绿色园区"建设的一系列活动。

一是施行绿色招商。南昌经济开发区秉承"既要金山、银山，更要绿水青山"的发展理念，一直致力于走绿色、生态发展之路。始终坚持"绿色招商"，提高环境准入门槛，对资源能源消耗高、环境风险大的项目实施严格控制，对低水平、有污染的项目一律"亮红灯"。项目进园区，由招商、环保、规划、土地等部门的人员组成项目小组，对进区项目严格把关，不符合国家产业政策和园区发展环保定位的，不管项目投资多大、效益多好，一律婉拒，使新建项目环评执行率和环保"三同时"执行率达 100%。

二是绿色产品开发。通过绿色产品开发，完善生态工业链网。南昌经济开发区一直注重从产品链出发，不断完善园区生态工业链网，积极引进产业链项目，促进产业结构生态化。目前已形成以中国恒天集团投资的高效节能减排 K系列发动机项目、全球第二大变速箱生产商德国格特拉克投资的节能 7 速变速箱项目和中国恒天百路佳投资的新能源客车项目为代表的动力与新能源汽车产业；以全球第二大空调压缩机生产商海立集团投资的高效节能空调压缩机项目、奥克斯集团投资的新型变频节能空调为代表的绿色家电产业；以及新型节能环保材料、绿色食品等产业，构建起互补性强、成长性好的生态工业网络。

三是低碳产业导向。南昌市高新技术产业开发区高起点规划，将半导体照明（LED）产业、服务外包产业等环境友好型的低碳产业作为重要的战略性产业进行重点打造，同时积极推进企业清洁生产。一是节约能源的 LED 产业发展的起点高、潜力大、后劲足。高新区是全国首批国家半导体照明产业化基地之一，已初步形成由外延片、芯片器件、发光二极管、LED 显示屏、手机背光源、照明灯具等产品组成的较为完整的产业链。二是低碳环保的服务外包产业异军突起。依托国家级服务外包示范区平台，建设了国家软件科技园、国家服务外包示范园等专业园区，集聚了国内外软件及服务外包知名企业 400 多家。三是以企业为主体，依靠科技创新，在"减耗、减污、循环利用"等方面取得显著成果。南昌科勒采用了全自动连续污水处理工艺技术、反渗透技术等多种先进技术，节约了大量的水资源，并将大部分清洗水中的重金属提取后进行了重新利用。泰豪科技研制出的双热源完全余热回收技术的热回收率达到 98% 以上，开发出集制冷、制热和制热水为一体的新型空调产品。江西三和利用自然界、工业及农业剩余物为原料生产出一种复合型超强塑木材料，边角余料及产品废旧后可 100% 回收再利用。

四是绿色自然生态。南昌经济开发区北靠风光旖旎的梅岭山脉，南依滔滔不息的赣江母亲河，既有水系沟通梅岭绿色空间向城市景观的渗透，又有引入赣江江景向城市景观的渗透；在此基础上，合理布局了城市各类绿地，逐步完善了城市园林绿地系统，建立了城市生态安全格局；全年空气质量优良天数超过 350 天，森林覆盖率超过 85%。南昌市高新技术产业开发区则是江西省首批生态工业园试点园区之一，也是我国中部地区最早获批建设国家生态工业示范园区的开发区。高新区秉承"生态重于景观"的理念，倾力打造占地 2500 亩的艾溪湖森林湿地公园，因地制宜，还原自然生态，将一处处荒丘、池塘精心修饰；保护原有生物，用一株株乡土树种、花草着意装点；坚持原土护坡，缓处草坡入水，陡处生态绿格网保护。

（四）陕西省加快推进工业领域循环经济发展

陕西省强化工业领域节能减碳，近年来按照国家的相关规定和要求，大力实施煤炭、能源化工等高耗能产业领域的燃煤锅炉（窑炉）改造、余热余压利用、电机系统节能、能量系统优化、节约和替代石油等技术改造项目，加强高耗能行业和重点用能单位管理，开展重点耗能企业节能减碳行动，取得了显著成效。

1. 陕西陕煤黄陵矿业公司：绿色环保生态矿区开发建设

在矿业清洁煤利用方面，黄陵矿业集团公司具有典型性和代表性。目前已打造形成一个以煤炭开采为主体，煤化工为主导，多元发展的循环经济体。

一是以发展循环经济为主线，实现高碳产业低碳运营。立足于国内外煤炭产业的发展方向，结合矿区实际，确立实施建设六大产业板块的循环经济战略发展规划：①以煤炭生产为循环经济产业链的基点和起点，开采的原煤全部通过配套的选煤厂进行洗选加工，形成年生产能力和加工能力1600万吨、产值90亿元的煤炭基础产业板块。②生产的精煤作为炼焦配煤，采用捣固焦工艺技术，形成年生产能力520万吨、年产值100亿元的焦炭产业板块。③炼焦过程中产生的副产品全部回收利用，总计形成产值50亿元的煤化工产业板块。④选煤厂洗选过程中产生的煤矸石、煤泥、中煤和煤炭开采过程中抽出的煤层气，作为发电的燃料，形成年发电能力40亿度、产值15亿元的电力产业板块。⑤发电产生的粉煤灰、灰渣实现全部就地转化，形成1亿块免烧砖和100万吨水泥生产能力、年产值3.5亿元的建材产业板块。⑥以50公里、2000万吨矿区自备铁路专用线为大动脉，以公路运输为补充，形成年产值3.5亿元以上的物流产业板块。公司"十二五"期间，整个园区将全部建成，形成原煤、混煤、精煤、焦炭、焦油、柴油、甲醇、粗苯、LNG、电石、电、砖、水泥等丰富多元的产品结构，实现煤炭资源有效价值的"吃干榨净"，固体废弃物、废水的"零排放"，以及气体的达标排放，使传统的高碳产业实现真正的低碳运行。

二是以科技进步为动力，实现黑色资源绿色开采。加大沿空掘巷、无煤柱开采、薄煤层开采和超前支护等科技攻关工作力度，加快信息化与工业化"两化融合"步伐，建成企业信息管理统一门户平台，实现信息共享和管控一体化，提高矿井回采率，节约能源资源，降低职工劳动强度；推行岗位价值精细管理，使之成为公司建设绿色环保生态矿区的软实力。

三是以统筹发展为支撑，打造生态宜居、富美和谐的生活环境。公司始终依靠科技创新优势，按照生态环保理念，坚持产煤不见煤、挖煤不卖煤的清洁生产方式，建设安全高效、节能环保的绿色生态矿区。公司投资建成年储存能力为 5000 吨的生态果蔬中心和全封闭式储煤场，与地方共同投资建设污水处理厂、一河两岸"治理"工程，打造宜居环境。目前，该公司实现了固体废物零排放，气液废弃物达标排放，被联合国授予"清洁生产技术应用和推广示范企业"。

2. 锦界工业园区：发展循环经济实现低碳转型

近年来，神木县锦界工业园区坚持"减量化、再利用、资源化"的发展原则，通过引进关键链接耦合项目，加强资源综合利用，发展循环经济，形成低投入、低消耗、低排放和高效率的节约型增长方式，在陕北能源化工的高碳地区率先实现了低碳转型，走出了一条低碳、节约的工业化道路，形成典型示范。

一是规划编制较为完善。园区先后对总体规划、产业规划、生态发展规划、区域环境影响报告等进行了修订编制，形成较为系统完备的规划指导体系，为园区发展循环经济提供了蓝本、技术路径和方法指导。

二是基础设施日臻完善。园区建设完成了供水、道路、绿化、污水处理、固体废物填埋场等市政基础设施，为园区发展循环经济、建设生态示范园区奠定了坚实的配套基础和设施支撑。

三是循环经济工业基础较为雄厚。①循环经济综合利用项目不断增多。北元化工的 100 万吨/年聚氯乙烯综合利用项目、神木电石集团投资建设的 120 万吨/年电石综合利用项目等相继入驻园区，循环综合利用项目成为园区企业发展的主要方向，园区企业自身内部资源循环综合利用效率不断提升。②产业内部企业之间循环利用不断加强。园区烧碱企业利用北元化工生产过程中产生的液碱为原料生产片状烧碱，三（四）氯乙烯、三氯氢硅项目利用北元化工生产过程中产生的液氯为原料生产三（四）氯乙烯、三氯氢硅，生产三（四）氯乙烯、1，4－丁二醇过程中产生的电石泥又作为北元化工生产水泥的原料，生产三（四）氯乙烯过程中产生氯化氢又作为北元化工生产聚氯乙烯的原料，产业内部企业之间的循环利用不断加强。③工业三废转化利用效率不断提高。园区为了提高工业三废转化利用效率，实现节能减排和资源循环综合利用，相继引进了金联粉煤灰制砖项目、北元化工240万吨/年工业废渣水泥项目、瑞诚玻璃厂余热发电项目、富油能源科技公司 CO_2 制取干冰项目、天元化工 SO_2 制取硫黄项目、锦界污水处理厂2万吨/年污水处理、1万吨/年中水回用项目、国华井下水处理站等，园区废气、废渣、废水综合利用能力明显提高。同时园区还配套建设了固体废物填埋场，对企业工业废渣和园区生活垃圾进行分类无害化处理，最终实现废水、废渣、废气零排放目标。

（五）云南省：依托农业自然资源优势发展低碳循环农业

《云南省低碳发展试点工作实施方案》、《云南省低碳发展规划纲要（2011～2020年)》中均提出发展低碳农业的思路，推广保护性耕作、轮作施肥、秸秆还田、施用有机肥等节肥、节药、节水技术，减少化肥和农药施用量，增加农田土壤有机质和固碳潜力；继续推广以农村沼气池为基础的生态农业开发模式，加快建设生态农业示范园区，构建种植养殖之间的产业循环。在构建循环型农业发展模式上，以昔日滇池边的小渔村福保村为代表，举全村之力，以打造"中国循环经济第一村"为目标，大力发展农业循环经济，建设集高原特色食用菌种植、饲料、生猪养殖、生物有机肥料为一体的现代循环经济发展模式，形成"种植（果树、菜地废弃秸秆、果枝等）—食用菌（菌渣）—饲料—生猪养殖（猪粪）—沼气（沼渣、沼液）—生物有机肥—种植"的现代循环经济链，实现了大量的废弃果枝、食用菌菌渣、猪粪等废弃物的资源化、减量化和无害化，促进种植养殖行业的良性循环。

　　再如，云南的甘蔗产业实现了由过去注重扩大甘蔗种植面积向主要依靠科技进步提高甘蔗单产和甘蔗产业经济效益的转变；以及由过去的分散经营、粗放经营向规模经营和集约经营转变；特别是积极延伸蔗糖产业链，促进甘蔗精深加工。例如，云南省临沧市各级农业部门及全市各糖业集团公司积极采取各种有效措施，逐渐形成完善的蔗糖产业链，打造以"甘蔗原料收割—初级加工—深加工—废弃物—有机肥料—甘蔗种植"为主要形态的从农业到工业再回到农业的大循环经济，促进实现蔗糖加工由过去的高能耗向循环、低碳和环境友好型转变，成为国内农业发展方式转变的成功典范（见图2-3）。可见，循环农业是实现农业低碳化的重要途径，通过农业从种植到加工等全产业链的循环，一方面尽可能地减少化肥、农药的使用，另一方面还尽可能消耗农作物甚至可以通过农作物开发生物质清洁能源，从而达到了农业的低碳化发展。

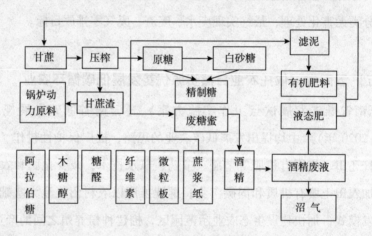

图2-3　云南临沧市甘蔗产业循环经济产业链

（六）我国碳捕捉与封存技术与设备的应用

　　碳捕捉[①]与封存能从生产末端有效控制二氧化碳排放，捕捉到释放到大气

①　根据《中国低碳年鉴2010》第1005页：碳捕捉和碳封存是以捕获并安全存储的方式来取代直接向大气中排放二氧化碳的技术。包括将人类活动产生的碳排放物捕获、收集并存储到安全的碳库中，或直接从大气中分离出二氧化碳并安全存储。

中的二氧化碳压缩之后回安全场所，这对碳排放规模相对较大的发展中国家意义重大，虽然目前该类技术还不完全成熟，但是也有一些积极的探索与应用。

1. 中电投远达环保公司碳捕捉

远达公司在重庆合川建成了国内首个万吨级燃煤电厂二氧化碳捕集装置。该套装置由中电投远达环保工程有限公司和重庆合川发电有限责任公司共同建设，是中国电力投资集团2009年科技项目"燃煤电厂烟气CO_2减排技术研究"的重要组成部分。装置于2008年9月正式启动建设，2009年10月底完成施工安装，2009年12月10日完成调试投入试运行，2010年1月20日正式投运。碳捕集装置主要包括烟气预处理系统，吸收与再生系统，压缩、干燥系统和制冷液化系统，由一些非标设备（如反应塔、换热器、各类溶液槽）、定型设备（如风机、泵、压缩机、制冷设备等）及相应连接管道组成（见图2-4）。碳捕集装置每小时可处理烟气量8400标立方，年捕集二氧化碳一万吨，捕集率大于95%，成品纯度大于99.5%，达到工业二氧化碳标准。远达公司所开发的二氧化碳捕集系统为自主研发设计，具有投资成本低、烟气适应范围广、碳捕集率高等特点，整体技术达到国内先进水平，部分技术经济指标达到国际先进水平，较大促进了我国电力行业碳捕集技术的发展。中电投远达环保工程有限公司进一步在燃煤电厂二氧化碳资源化利用和封存技术方向开展了前瞻性的研究。2010~2012年，远达公司在中欧煤炭利用近零排放（China-EU Cooperation on Near Zero Emissions Coal，简称NZEC）项目中，与中科院武汉岩土力学研究所共同开展了重庆地区地质封存可行性调研，并就封存地质选取、封存方案设计等开展了深入研究。显然，该项目的顺利实施将为我国未来开展碳封存提供了技术支撑。

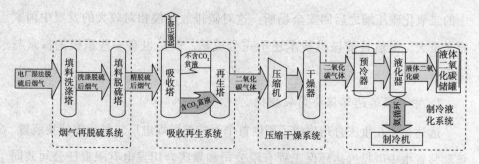

图2-4　远达公司二氧化碳捕集装置流程图

2. 低碳技术研发新平台：3MW碳捕获试验基地

华中科技大学是经国家批准的国家能源煤炭清洁低碳发电技术研发（实验）中心，同时，又是中美清洁能源研究中心清洁煤技术联盟（CERC - ACTC）的中方依托单位。2011年12月，华中科技大学在武汉东湖开发区未来科技城内建成了国内第一台3MW中试规模富氧燃烧碳捕获综合试验台。富氧燃烧是在现有电站锅炉系统基础上，用高纯度的氧代替助燃空气，同时采用烟气循环调节炉膛内的介质流量和传热特性，可获得高达富含90%体积浓度的CO_2烟气，从而以较小的代价冷凝压缩后实现CO_2的永久封存或资源化利用，较为容易实现大规模碳富集和减排。与其他碳捕获方式相比，氧燃烧技术在投资成本、运行成本、CO_2减排成本、大型化和与现有技术的兼容度等方面都具有优越性。3MW碳捕获平台基地将承担富氧燃烧技术研究开发任务，年CO_2捕获量达万吨级。该平台将成为中美两国大学、国家实验室、著名企业的联合研究平台。它的建成，将引领国内电力行业相关碳减排技术研发，为振兴湖北能源装备产业搭建良好的平台，必将有力推动湖北新能源产业的可持续发展和能源装备的科技进步与升级，促进我国能源碳减排的应用和发展。

三、加快推进我国产业低碳化发展的重点措施

目前，低碳产业体系的构建工作在各试点省市已经有了良好的开局，也有了不少成功的经验和做法。从产业转型发展的角度，立足低碳转型的不足和瓶颈，下一步全面构建我国低碳型产业体系，需要推进以下重点措施：严格淘汰和控制落后产能和高碳排放的项目；极力推进工业生产领域的节能降碳；积极发展战略性新兴产业和现代服务业经济；在全社会范围内推进大循环经济发展等。

（一）严格淘汰和控制落后产能

通过严格淘汰和限制落后工业产能，推动经济发展方式转变和工业经济结构调整。按照国家规定及重点用能行业单位产品能耗限额标准，淘汰浪费资源能源、污染严重的企业和落后的生产能力、工艺、设备及产品，严格禁止被淘汰的生产装置和设备向欠发达地区或农村转移。积极推行能耗限额管理及节能对标管理。把节能评估审查作为固定资产投资项目的前置条件，强化项目审批问责制，确保固定资产投资项目能耗水平达到能耗限额标准及相关要求。具体措施上，要根据国家产业政策，对高耗能、高排放工业项目按照行业准入条件严格把关，设立多道准入门槛。环保部门要重点对石化、有色冶金、建材工业等规划环评文件进行审查，加强环评认证，对钢铁、平板玻璃、多晶硅等产能过剩项目不再受理环评。国土资源部门严格用地审批，禁止将土地利用计划指标用于高污染、高能耗和产能过剩行业项目建设。质监部门对列入淘汰类企业一律不发放生产许可证。加快淘汰钢铁、铁合金、电力、铅锌、煤炭、焦炭、黄磷、建材、电石、化肥等行业的落后生产能力。

（二）加强节能低碳技术开发应用

加大节能低碳技术推广应用，加强工业企业节能降耗。把大幅降低能源消耗强度作为主攻方向，鼓励企业通过开展节能技术改造和技术创新，利用节能新技术、新工艺、新设备和新材料，推进重点领域节能降耗，降低碳排放强度。一是把节能技术的自主研发和引进消化再创新，作为政府科技投入、推进高新技术产业化的重点领域。支持企业加大投入，争取在新型照明、节能型空调、混合动力汽车、高效电机、蓄冷蓄热等领域不断取得新突破，提升节能技术水平。二是大力推广应用节能技术、节能设备、节能工艺、节能材料，组织制订和实施分行业的节能技术改造计划，实施工业设备节能、建筑节能、交通节能、余热余压利用、窑炉节能改造、空调和家用电器节电、绿色照明、能量系统优化、热电联产和分布式供能、政府机构节能等重点节能工程。三是推进合同能源管理。扶持、规范节能服务公司发展，为用户提供节能诊断、设计、融资、改造、管理等专业服务。四是重点抓钢铁、煤炭、化工、有色、煤炭、建材和电力等重点耗能行业的节能技术的开发和推广，推广余热余压发电、蓄热式加热炉、废气强化热交换等先进节能技术，更新改造低效窑炉，推广高效环保型燃烧器等设备。新建工业园区推进热电联产和实施现有工业园区热电联产技术改造。在电力、石油石化、冶金、建材、化工和交通运输行业推动以可再生能源替代燃料油（轻油）和LPG。

（三）积极培育发展战略性新兴产业

随着能源需求总量的不断增加，全球资源和环境约束日益凸显，加快发展以绿色、智能、可持续为特征的新能源，已成为不可逆转的历史潮流。发展战略性新兴产业是推动能源变革的必然要求。我国提出的战略性新兴产业，包括节能环保、新一代信息技术、生物、高端装备制造、新能源、新材料、新能源汽车等新兴产业是以重大技术突破和重大发展需求为基础，具有知识技术密集、物质资源消耗少、成长潜力大、综合效益好等特点。加快培育发展战略性新兴产业，有利于加快经济发展方式转变，有利于提升产业层次、推动传统产业升级、高起点建设现代产业体系，体现了调整优化产业结构的要求。为此，需要把积极培育发展战略性新兴产业作为构建我国低碳产业体系的重点和长期规划。

（四）积极发展现代服务业经济

服务业即为第三产业，指除农业、工业和建筑业之外的其他各产业部门，包括交通运输及仓储和邮政业、信息传输及计算机服务和软件业、批发和零售业、住宿和餐饮业、金融业、房地产业、租赁和商务服务业、科学研究及技术服务和地质勘查业、水利及环境和公共设施管理业、居民服务和其他服务业、教育、卫生及社会保障和社会福利业、文化及体育和娱乐业、公共管理和社会组织、国际组织等。随着城镇化的深化推进以及消费结构的逐渐升级，服务业日益成为支撑现代生产和生活的重要条件。积极发展现代服务业是发展低碳经济的必然选择。一方面，服务业相比传统工业部门，由于资源能源消耗较少，客观上更加低碳，因此产业结构适当服务化将有利于在源头上降低碳排放。另一方面，服务业中的多种业态诸如低碳技术研发与推广应用、低碳评估、低碳教育与培训、低碳信息、低碳金融等等均有利于促进第一产业和第二产业的低碳化发展，并引导全社会低碳化生活。当然在低碳时代下，服务业本身需要低碳化发展，例如，要积极倡导和发展低碳交通运输、低碳建筑、低碳酒店、低碳旅游等等。

（五）大力推进发展"大循环"经济

按照减量化、再利用、资源化的基本要求，围绕主导优势产业和龙头企业，依托工业园区和农业科技园，大力延伸上下游产业链，强化横向配套和纵向关联，积极培育循环经济产业链条，推进循环经济从企业内部资源高效循环利用模式的"小循环"向企业之间资源循环利用耦合模式的"中循环"以及建立循环型社会模式的"大循环"转变。积极探索农业、工业及服务业领域的循环经济模式。在农业发展上，依托养殖业龙头企业，积极培育种养加生态产业链，实现废弃物完全资源化利用模式；推进秸秆饲料化、肥料化、能源化、原料化、基料化，积极构建农林牧渔相关联、种养加一体化、粮经饲相结合的大农业循环经济产业链条，因地制宜发展"退耕—林果—畜牧—沼气—梯田—水窖"等一体化的循环型农业模式。在工业领域，实施清洁生产，促进源头减量；推进企业间、行业间、产业间共生耦合，形成循环链接的产业体系；支持产业集聚发展，实施园区循环化改造，实现能源梯级利用、水资源循环利用、废物交换利用、土地节约集约利用，促进企业循环式生产、园区循环式发展、产业循环式组合，构建循环型工业体系。加快构建循环型服务业体系，推进服务主体绿色化、服务过程清洁化，促进服务业与其他产业融合发展，充分发挥服务业在引导人们树立绿色循环低碳理念、转变消费模式方面的积极作用。通过大力回收和循环利用服务业和居民生活各种废旧资源，建立和完善再生资源回收利用体系，推动城乡再生资源回收再利用产业链的形成与发展，加快构建城镇生活垃圾综合利用循环经济产业链条。

第三章

低碳能源试点行动及经验总结

低碳发展主要是通过广泛采用新能源、优化能源结构、技术创新及相应的制度环境改善等手段，实现经济发展中的碳排放量降低、有效改善地球生态系统自我调节能力的可持续的发展模式。可见，能源部门的低碳化是低碳发展的重中之重，根据《联合国气候变化框架公约》温室气体清单数据库的数据，我国能源部门碳排放占全部温室气体排放量的比重高达36%，也就是说，我国一旦实现了能源部门的低碳发展，也就相当于在低碳发展的道路上成功了三分之一。然而低碳经济无现成理论可应用，我国在低碳发展方面的经验较为缺乏，没有现成模式可仿造。自2010年试点工作启动以来，能源部门在低碳发展方面取得了一些进展，某些经验可以在更大的范围内推广，但也存在一些问题，值得深入研究。

一、政府部门积极推进低碳能源新政

能源是支持一个国家或地区国民经济社会发展和人类社会进步的动力源和物质基础，属于战略性资源，作为人口和经济发展大国，我国一直以来都是能源消费大国，其中大规模化石能源①的粗放式消耗会产生并排放大量的温室气体特别是二氧化碳，为此中国政府非常重视减少能源消耗、提高能源效率以及非化石可再生能源的开发利用。近年来，国家和各地区关于可再生能源、能源节约、新能源应用等方面出台了一些法律法规、政策文件等，对我国能源结构调整和能源节约起到重要的引导或指导作用。

（一）国家层面高度重视能源结构调整和节约能源

2005 年 2 月，时任国家主席胡锦涛同志签发第三十三号主席令，公布由中华人民共和国第十届全国人民代表大会常务委员会第十四次会议于 2005 年 2 月 28 日通过的《中华人民共和国可再生能源法》自 2006 年 1 月 1 日起施行。《能源法》明确指出，该法适用的可再生能源包括风能、太阳能、水能、生物质能、地热能、海洋能等非化石能源，使得我国可再生能源的开发与利用有法可依。到 2009 年 12 月 26 日，十一届全国人大常委会第十二次会议表决通过了《中华人民共和国可再生能源法修正案》，进一步完善关于可再生能源发展的相关法规条文，同时指出新的修正案自 2010 年 4 月 1 日起施行。

2007 年 8 月，国家发展和改革委员会发布《关于印发可再生能源中长期发展规划的通知》（发改能源〔2007〕2174 号），提出今后十五年我国可再生能源发展的总目标是：提高可再生能源在能源消费中的比重，解决偏远地区无电人口用电问题和农村生活燃料短缺问题，推行有机废弃物的能源化利用，推进可再生能源技术的产业化发展，重点发展水电、生物质能、风电、太阳能以及地热能和海洋能等其他可再生能源，到 2020 年可再生能源消费量达到

---

① 根据发展改革委宏观经济研究院《低碳发展方案编制原理与方法》教材编写组著的《低碳发展方案编制原理与方法》第 224～225 页：化石能源，指由古代生物的化石沉积而来，以碳氢化合物及其衍生物组成的能源形成，主要包括煤炭、石油、天然气及其能源制成品；非化石能源，指煤炭、石油、天然气以外的能源，主要包括核能、水能、风能、太阳能、生物质能、地热能及海洋能等可再生资源。

能源消费总量的15%。

2007年10月，时任国家主席胡锦涛同志签发第七十七号主席令，公布由中华人民共和国第十届全国人民代表大会常务委员会第三十次会议于2007年10月28日修订通过的《中华人民共和国节约能源法》自2008年4月1日起施行。制定该法旨在推动全社会节约能源，提高能源利用效率，保护和改善环境，促进经济社会全面协调可持续发展。该法中提到的节约能源是指"加强用能管理，采取技术上可行、经济上合理以及环境和社会可以承受的措施，从能源生产到消费的各个环节，降低消耗、减少损失和污染物排放、制止浪费，有效、合理地利用能源"，明确国家实施节约与开发并举、把节约放在首位的能源发展战略。

2010年10月，国家能源局、财政部、农业部发布《关于授予北京市延庆县和江苏省如东县等108个县（市）国家绿色能源示范县称号的通知》（国能新能〔2010〕349号），指出开展绿色能源示范县建设是加强农村基础设施建设、促进农村经济社会发展的重要措施，主要目的是通过开发利用可再生能源资源、建立农村能源产业服务体系、加强农村能源建设和管理等措施，为农村居民生活提供现代化的绿色能源、清洁能源，改善农村生产生活条件，为建设资源节约型、环境友好型社会和实现全面建设小康社会目标做出积极贡献；同时，通知明确将对符合条件的绿色能源示范县建设予以支持。由此，把绿色能源延伸到县域特别是农村，为我国广大的农村地区加快低碳发展起到了重要的推动作用。

2011年3月，国务院发布的《中华人民共和国国民经济和第十二个五年规划纲要》明确指出，"推动能源生产和利用方式变革，调整优化能源结构，构建安全、稳定、经济、清洁的现代能源产业体系，计划到2015年非化石能源占一次能源比重达到11.4%，单位国内生产总值能源消耗降低16%"。2012年6月，财政部、发展改革委和国家能源局联合发文《关于公布可再生能源电价附加资金补助目录（第一批）的通知》，对将符合条件的可再生能源项目给予电价附加资金补助，进一步引导能源结构优化调整。

（二）能源低碳发展被列入地方五年规划

在发展改革委下发的关于第一批省市开展低碳省区和低碳城市试点工作的通知中，明确要求各试点省和试点城市要将应对气候变化工作全面纳入本地区"十二五"规划，研究制定试点省和试点城市低碳发展规划，明确提出本地区控制温室气体排放的行动目标、重点任务和具体措施，降低碳排放强度，积极探索低碳绿色发展模式。各试点省区和试点城市纷纷响应，将本地区低碳试点的行动目标、任务及措施纳入五年规划当中。

云南省在"十二五"规划中明确提出，要促进能源结构低碳化转变，转变能源生产和利用方式，进一步提高非化石能源在能源生产中的比重，大幅提升清洁能源在能源消费中的比重。控制性利用煤炭，鼓励利用水电和天然气，高效利用石油，积极推进新能源利用。突出以机制创新和技术进步促进工业更多消纳水电，大力发展以电代燃料。扩大居民管道燃气覆盖，鼓励生物质燃料替代石化燃料等。《广东省国民经济和社会发展第十二个五年规划纲要》中提出，要完善控制温室气体排放的体制机制，加快形成以低碳产业为核心，以低碳技术为支撑，以低碳能源、低碳交通、低碳建筑和低碳生活为基础的低碳发展新格局。湖北省将"大力发展低碳产业，在工业、交通、建筑等重点领域逐步实现低碳化，优化能源消费结构，有效控制二氧化碳、甲烷、氧化亚氮等温室气体的排放"纳入本省"十二五"规划当中。陕西省将在"十二五"期间，以大幅降低能源消耗强度和二氧化碳排放强度为目标，加快发展低碳产业和清洁能源，推广低碳产品和技术。

天津市"十二五"规划提出了要"严格控制燃煤总量，积极发展新能源和清洁能源，非化石能源占一次能源消费比重提高 2 个百分点"的目标。重庆市提出了将在"十二五"期间建立和完善多元化能源输入网络，构建清洁、安全、可靠、低碳的能源保障体系，提高低碳能源供给总量，使 2015 年非化石能源占一次能源消费比重达到13%，积极推进水电、风电、生物质发电等可再生能源建设，到2015年新能源装机比重达到35%左右。南昌市提出将由市级财政每年专项支持实施一批低碳发展工程项目和工作项目，包括六大低碳行动计划，其中低碳能源计划将在城区推广太阳能一体化建筑、太阳能集中供热水工程，在农村和小城镇推广户用太阳能热水器。2015年，太阳能热水器总集热面积达到60万平方米。扩大城市光伏发电的利用规模，支持鼓励有实力的企业建设小型光伏电站，作为企业办公用电的补充电源。积极推进浅层地热能的开发利用，到2015年，浅层地热能应用面积200万平方米。积极推广固化成型、沼气利用、垃圾焚烧发电、秸秆气化、生物柴油等方式的生物质能利用，逐步改变农村燃料结构，改善农村生活环境。加快推进泉岭垃圾焚烧发电厂、麦园沼气发电厂二期的建设，到2015年实现生物质能发电量6亿千瓦时。加快提高天然气使用覆盖率，不断拓宽天然气应用领域，从传统的城市燃气逐步拓展到天然气厂、化工、燃气空调以及分布式功能系统等领域。深圳市计划在"十二五"期间加快清洁能源开发利用，继续实施天然气替代石油策略，大力开发利用核能和可再生能源，提高非化石能源利用比例。到2015年，非化石能源比例提高到15%左右。强化节能减排，着力推进结构节能、技术节能、管理节能等。严格执行固定资产投资项目节能评估审查制度，推进清洁生产，试点建设天然气冷热电三联供等分布式能源系统，提高能源利用效率。推广合同能源管理，促进节能服务业发展等，计划到2015年，万元GDP二氧化碳排放量比2010年下降15%。杭州市"十二五"规划将积极发展太阳能光伏、风电、水电、生物质能等新能源，实施包括清洁能源工程在内的生态建设十大工程，积极推广天然气、太阳能、沼气、生物质能等清洁能源和可再生能源综合利用，扩大天然气供气区域，推进燃煤热电厂天然气改造，改善能源消费结构，全市清洁能源占一次能源消耗比例达到21%。保定市将组织实施"新型能源开发利用工程"，重点发展太阳能光伏发电、生物质能利用、垃圾发电、水力发电等新型可再生能源，不断提高非化石能源在能源消耗总量中的比重。此外，贵阳、厦门等城市也在城市的"十二五"规划中提到了能源部门低碳发展的相应内容。

（三）低碳试点地区积极搭建组织架构，完善政策体系

在发展改革委印发低碳试点工作的通知后，试点省区和试点城市纷纷编制本地区低碳发展方案，加强组织协调，发布能源低碳发展政策。

在低碳试点省区和低碳试点城市，政府为了做好国家低碳试点工作，纷纷成立了政府主要领导任组长的领导小组。广东省成立由省人民政府主要领导任组长的省应对气候变化领导小组，加强对应对气候变化工作的协调领导，并在此基础上成立广东省开展国家低碳省试点工作联席会议，由主管副省长担任第一召集人。辽宁省相应成立了应对气候变化及节能减排工作领导小组，由省长任组长、常务副省长任副组长，并由省直36个部门共同参加。云南、湖北、陕西、天津、贵阳、南昌、厦门、杭州和保定也都成立了由省（市）政府主要领导任组长的低碳发展试点工作领导小组，全面统筹协调管理本地区应对气候变化和低碳发展工作，制订方案，构建市、县、区及各部门多层次的低碳试点工作领导体系。低碳发展试点工作领导小组在各省（市）发改委设立办公室，具体负责全省低碳发展相关的日常工作，研究制定全省低碳发展的重大战略、方针及政策，加强部门间协同配合，充分发挥各部门积极性和主观能动性，各部门、各区政府明确相关机构及责任人，形成促进低碳发展的合力，推动试点工作深入开展，要求各级各部门按照责任分工制订工作方案，分解指标，落实工作目标和任务，并根据进度要求认真组织实施。

在南昌、重庆、深圳等城市除了设有应对气候变化领导小组之外，还成立了相应的低碳发展专家委员会，开展低碳试点战略、规划和政策研究，对低碳发展方向、重点产业、重要课题与重大技术问题进行研究分析，为应对

气候变化领导小组提供决策参考。例如，重庆组建了低碳发展与技术研究中心和低碳发展协会，为重庆市低碳发展市场及能力建设提供服务和智力支持；深圳市成立了以城市发展研究中心为依托的专门的研究机构，统筹负责应对气候变化与低碳发展研究工作，跟踪国内外最新动态，推进深圳市合同能源管理的项目管理办法、资金使用办法等相关政策的实施，为深圳市应对气候变化和低碳发展工作提供支持等。

经过两年多的低碳试点工作，各试点省区和城市在能源低碳发展领域形成了一批规划方案和政策体系。广东省完成了《广东省能源发展"十二五"规划》、《广东省海上风电场工程规划》、《广东省核电装备产业发展规划》、《广东省风电产业发展规划》、《广东省抽水蓄能电站选点规划》等一系列规划的编制工作，制定了《全省合理控制能源消费总量实施方案》，研究并出台了促进全省太阳能产业发展的政策措施，提出了规范行业发展要求。保定市出台了《关于加快推进保定"中国电谷"建设的实施意见》、《关于建设保定"太阳能之城"的实施意见》、《关于建设低碳城市的指导意见》，重点推进国家级太阳能光伏发电、风力发电设备实验室建设，先后被发展改革委、科技部授予"国家高技术产业（新能源）基地"、"国家可再生能源产业化基地"、"国家太阳能综合应用科技示范城市"和"十城万盏"试点城市等称号。深圳将万元 GDP 能耗和二氧化碳排放作为约束性指标列入深圳市国民经济和社会发展"十二五"规划纲要，实行低碳发展问责制。此外，部分试点省市在进行国家低碳试点工作之前制定的低碳发展的相关政策措施也日益发挥着重要的作用，例如《杭州市太阳能光伏产业等新能源发展五年行动计划》及《杭州市年度节能工作实施方案》等。

清晰的目标可以引导低碳试点工作沿着既定的方向不断前进，因此低碳发展的任务目标也是各省市推进低碳发展试点工作的重要内容之一。各试点省区和试点城市在能源领域都提出了明确的量化目标，如表 3 - 1 所示。

表 3 – 1　　　　　各试点省区和试点城市能源低碳发展任务目标

	2015 年	2020 年
保定	单位 GDP 能源消耗强度比 2010 年下降 16%，非化石能源占一次性能源消费的比重达到 5% 以上，单位 GDP 二氧化碳排放比 2010 年下降 18% 以上	努力实现全市单位 GDP 二氧化碳排放比 2005 年下降 48% 左右
广东	单位 GDP 能源消耗强度比 2010 年下降 18%，非化石能源占一次性能源消费的比重要达到 20%，单位 GDP 二氧化碳排放比 2010 年下降 20%	努力实现全省单位 GDP 二氧化碳排放比 2005 年下降 45% 以上
贵阳	单位地区生产总值能源消耗强度比 2010 年下降 16%，非化石能源占一次性能源消费的比重达到 10%，单位地区生产总值二氧化碳排放比 2010 年下降 18%	力争实现全市单位地区生产总值二氧化碳排放比 2005 年下降 45% 以上
杭州	单位 GDP 能源消耗强度比 2010 年下降 19.5%，非化石能源占一次性能源消费比重达 10%，单位 GDP 二氧化碳排放比 2010 年下降 20%	单位 GDP 二氧化碳排放比 2005 年下降 50% 左右
湖北	单位生产总值能耗比 2010 年下降 16% 左右，单位生产总值二氧化碳排放比 2010 年下降 17%，非化石能源占一次能源消费的比重达到 15%	单位生产总值二氧化碳排放比 2005 年下降 45%
辽宁	单位 GDP 能源消耗强度比 2010 年下降 17%，单位 GDP 二氧化碳排放比 2010 年下降 18%，非化石能源占一次能源消费比重达到 4.5%	努力实现全省单位 GDP 二氧化碳排放比 2005 年下降 45% 以上
南昌	单位 GDP 二氧化碳排放较 2010 年降低 17%，单位 GDP 能耗下降 16%；非化石能源占一次能源消费比重达到 7%	单位 GDP 二氧化碳排放较 2010 年降低 25% ~ 28%，比 2005 年降低 45% ~ 48%，非化石能源占一次能源消费比重达到 15%
厦门	全市万元生产总值能耗比 2010 年下降 10%，单位 GDP 二氧化碳排放比 2010 年下降 17%，第三产业占 GDP 比重比 2010 年提高 5 个百分点，建筑节能标准提高到 65%	力争实现万元生产总值二氧化碳排放比 2005 年下降 45% 以上，第三产业占 GDP 比重力争达到 60%
陕西	实现单位生产总值能源消耗比 2010 年降低 16%，单位生产总值二氧化碳排放比 2010 年降低 17%，非化石能源占一次性能源消费比重达到 10% 左右	单位生产总值能耗比 2015 年降低 13%，单位生产总值二氧化碳排放比 2015 年降低 15%，努力实现全省单位产总值二氧化碳排放量在 2005 年的基础上降低 45% 左右目标；非化石能源占一次性能源消费比重达到 15% 左右

续表

	2015 年	2020 年
深圳	万元 GDP 能耗比 2005 年下降 30%，万元 GDP 二氧化碳排放比 2005 年下降 35% 以上；万元 GDP 能耗比 2010 年下降 19.5%，万元 GDP 二氧化碳排放比 2010 年下降 21%；非化石能源占一次能源的比重达到 15%	万元 GDP 二氧化碳排放比 2005 年下降 45.3%，比 2010 年下降 28%，比 2015 年下降 10%，非化石能源占一次能源的比重达到 15% 以上
天津	万元生产总值能耗比 2010 年降低 18%；单位 GDP 二氧化碳排放比 2010 年降低 19%；非化石能源占一次能源消费比重提高 2 个百分点	单位 GDP 二氧化碳排放强度在 2005 年基础上降低 45% 以上
云南	单位 GDP 二氧化碳排放量比 2005 年降低 35%，比 2010 年降低 20%；非化石能源占一次能源消费比重提高到 30%，单位 GDP 能耗比 2010 年降低 15%（控制在 1.22 吨标煤/万元以内）	单位 GDP 二氧化碳排放量比 2005 年降低 45% 以上，非化石能源占一次能源消费比重达到 35% 以上
重庆	单位国内生产总值二氧化碳排放比 2010 年下降 17%，单位国内生产总值能耗比 2010 年下降 16%；全市非化石能源在一次能源消费中的比重达到 13%	单位国内生产总值二氧化碳排放比 2005 年下降 45% 以上，单位国内生产总值能耗比 2005 年下降 40% 以上；全市非化石能源在一次能源消费中的比重达到 15%

资料来源：各试点省区和试点城市低碳试点工作实施方案。

整体而言，各试点省区和城市均对单位国内生产总值能耗、单位国内生产总值二氧化碳排放量及非化石能源在一次能源消费中的比重设定了预期目标。相对 2010 年来讲，大多数省份和城市将 2015 年的单位国内生产总值能耗降幅设定在 15% ~20% 之间（厦门市这一目标为 10%），单位国内生产总值二氧化碳排放量降幅设定在 17% ~21% 之间，同时非化石能源占一次能源消费的比重大幅提高，将 2020 年单位 GDP 二氧化碳排放强度控制在 2005 年的 55% 以下。

（四）能源结构优化与终端用能节约成为能源低碳发展的两大抓手

我国煤炭资源丰富，石油和天然气资源则相对不足，总体上是一个"富煤、贫油、少气"的国家，这种资源禀赋结构决定了我国以煤为主的能源结构。目前我国能源结构中，煤炭占了相当大的比重，随着煤炭的大量消耗，石油、天然气对外依存度不断提高。能源供应结构不合理成为我国能源低碳发展的主要障碍，也是制约我国经济社会可持续发展的重要因素。

目前人类正面临着第三次能源大转型，调整能源结构、加强可再生能源技术研发和利用程度，既是解决我国所面临的资源瓶颈的应对之举，也是我国应对气候变化、走低碳发展道路的当务之急，更是我国摆脱能源危机、占领新的经济制高点的重要机遇，需要从国家长远战略意义出发，全面提升新能源的开发利用水平，淘汰高碳落后的能源供应方式，促使能源结构向清洁化、低碳化发展。优化能源结构也成为各试点省区和试点城市在能源低碳发展领域的重点行动之一，各试点地区结合地区现状，在调整火力发电、推广太阳能光伏发电、风力发电、生物质能利用、核电开发、水电利用、地热能开发利用、能源作物推广以及现有能源生产方式清洁化等方面提出了大量重点行动。具体情况见表3－2。

表3－2　　　　低碳试点省区和试点城市优化能源结构重点行动

能源结构优化的重点项目和方向	
保定	火电：淘汰落后的发电机组和小规模、分散式的燃煤锅炉 太阳能：高新区100兆瓦太阳能光伏发电、定州市10兆瓦、涞源县10＋1兆瓦、博野县10兆瓦等太阳能光伏并网发电项目 风电：涞源县甸子梁、黄花梁风电厂项目建设、涞水县风力资源开发 生物质能：保定市灵峰垃圾发电项目、定州市垃圾发电项目 其他：易县、阜平等地区的小水电项目
广东	火电：统筹推进热电冷联产，整体煤气化联合循环发电（IGCC） 太阳能：太阳能屋顶计划，推进城市太阳能屋顶、光伏幕墙等光电建筑一体化工程 风电：广东粤电湛江徐闻海上风电场、珠海高栏岛风电场、阳西龙高山风电场、阳江新洲、东平风电场等 生物质能：大中型垃圾填埋场沼气利用工程、生物质发电项目、生物燃料乙醇试点项目、小型生物质气化发电示范工程、粤电湛江生物质发电项目等 核电：岭澳核电二期工程（2×100万千瓦）、阳江核电（6×108万千瓦）、台山核电一期工程（2×175万千瓦） 其他：潮汐能发电站和小型波浪能发电试验电站、生物质能源作物、生物柴油原料基地等

续表

	能源结构优化的重点项目和方向
贵阳	风电：花溪、清镇、息烽风电场项目 生物质能：农村户用沼气池的建设维护 其他：发展小水电项目、回收餐厨废弃油脂生产生物柴油，建成餐厨垃圾生产沼气装置
杭州	太阳能：实施"阳光屋顶"应用示范计划，建设太阳能光伏示范电站，推广太阳能热水器 生物质能："生态家园富民行动"示范村，"猪—沼—作物"生态农业示范点建设 其他：积极推广地热利用技术，利用空气源热泵技术，河流梯级水电开发
湖北	火电：建设大型火电机组、热电联产项目、淘汰小火电机组 太阳能：推广应用太阳能热水系统，加快推进太阳能光伏建筑一体化发电 风电：开展风能资源详查、监测、评估及选址可行性论证工作 生物质能：建设秸秆、稻壳焚烧发电，建设垃圾焚烧发电项目，大型养殖场沼气发电工程 核电：浠水核电项目 其他：汉江梯级开发和潘口、江坪河、淋溪河、龙背湾、姚家坪、孤山等水电项目
辽宁	火电：淘汰落后机组，推进大型热电联产集中供热项目 太阳能：并网太阳能发电项目，光伏屋顶、光电建筑一体化工程，鞍山达道湾国家级光伏发电集中应用示范区工程 风电：推进以辽西北和沿海为重点区域的风电场建设 生物质能：探索并适度推动垃圾焚烧发电 核电：红沿河核电厂二期、中核葫芦岛徐大堡核电厂一期工程，黄海沿岸核电项目 其他：科学利用浅层地温和地热资源，加快 500 千伏主干网架建设，加快油气勘探开发利用
南昌	太阳能：太阳能一体化建筑、太阳能集中供热水工程，农村户用太阳能热水器推广，屋顶太阳能并网光伏发电，建设厚田 10MW 薄膜太阳能并网示范电站 生物质能：推进泉岭垃圾焚烧发电厂、麦园沼气发电厂二期工程建设 核电：推动江西彭泽核电 4×125MW 建设 其他：浅层地热能的开发利用
陕西	火电：建设陕煤集团旗下 5 个发电站煤气化联合循环电站（IGCC）、大容量循环流化床电站（CFBC）等示范项目 太阳能：中心城市光电建筑一体化项目，太阳能集中供热水系统、太阳能采暖、太阳能制冷工程，靖边光伏产业园建设 风电：定边张家山、繁食沟、靖边龙洲等大型风电工程 生物质能：榆林、咸阳、渭南等城市垃圾发电站；二代燃料乙醇和生物柴油项目建设；彬长、韩城、铜川矿区矿井瓦斯综合利用基地建设 其他：旬河、白河、黄金峡、镇安抽水蓄能电站等水电项目，大兴新区等 3 个地热供暖示范小区

续表

	能源结构优化的重点项目和方向
天津	火电：北疆电厂二期、南疆热电厂、北郊热电厂、北塘热电厂等热电联产项目，发展超超临界、IGCC 等先进燃煤发电技术 太阳能：中新天津生态城等光伏发电项目 风电：蔡家堡、塘沽、东疆保税港区、沙井子及马棚口二期等沿海及海上风电项目 其他：开发地（水）源热泵、生物质能利用等新能源相关技术
云南	太阳能：石林大型光伏发电示范工程（16.6 万千瓦） 风电：大理州西部及与楚雄州相交处、玉溪南部至红河州中南部、曲靖市东部等 3 个风能开发项目，续建和新建杨梅山、李子箐、罗平山、朗目山、马英山、东山、海东、大营等 20 多个风电场 生物质能：开发生物质固体成型燃料及生物质发电，推进农村户用沼气建设，推进燃料乙醇生产能力建设，建设 66 万公顷以上木薯为主的乙醇原料基地 其他：加大金沙江中下游、澜沧江等水电基地的开发，推进怒江水电基地的开发
重庆	风电：石柱、万盛、巫溪等区县 40 万千瓦风电项目 生物质能：建设丰都、秀山、彭水等县的生物质发电项目，建设重庆市第二座垃圾焚烧发电厂和万州垃圾焚烧发电厂 其他：綦江蟠龙抽水蓄能电站工程，白马航电枢纽工程；嘉陵江草街航电枢纽和武隆银盘电站
厦门	太阳能：国家"金太阳示范工程"，太古飞机维修中心、轻工食品工业园、三安光电园光伏并网发电示范工程 其他：天然气推广工程（LNG 二期），智能电网试点工程
深圳	其他：西气东输二线深港支干线等 LNG 项目，支持南方电网在深圳市进行电网智能化建设试点

资料来源：各试点省区和试点城市低碳试点工作实施方案。

从表 3－2 中可见，太阳能作为清洁高效的新能源，在地域上具有普遍适用性，加上我国太阳能光伏发电技术已经相当成熟，在我国光伏产业国际市场面临巨大压力的情况下，广泛发展国内市场，既可以缓解光伏产业的发展困境，又可以有效促进我国能源供应结构，使能源产业走上低碳化的道路，因此太阳能是低碳试点省区和低碳试点城市所共同瞄准的能源之一。此外，各试点地区根据自身能源基础和发展条件，有选择地选择发展风电、生物质能、水电及核电等。

除了调整能源结构之外，低碳能源发展的第二个抓手是节能增效战略。由《BP 能源统计 2012》数据可知，我国 2011 年一次能源消费量为 37.33 亿吨标准煤，占世界的21.3%，而GDP则仅占世界的10.5%。从能源产出效率来看，我国单位能耗国内生产总值约是美国的1/3、英国的1/4和日本的1/9，可见我国在提高能源效率方面具有广阔的发展空间，同时节约能源使用对我国能源产业低碳化发展也具有重要作用。在国家低碳试点工作中，节能增效也是各地区实施低碳发展方案的重要内容，主要从以下方面推行。

一是在现有能源使用方面加以改进和优化，主要包括推进机电系统节能、能源系统优化、锅炉窑炉改造、余热余压利用和集中供热等。在工业节能方面，加快淘汰冶金、造纸、化工等行业的落后生产能力，推行节能技术改造，加强资源节约和综合利用，提高能源利用效率，在工业区统一规划建设集中供热（冷）、集中处理"三废"、集中原材料配送，集中公共基础设施配套，提高资源利用效率。以煤化工行业为例，可以采用先进的煤化工技术，调整原料结构；采用低能耗的清洁生产工艺、能量回收综合利用和变频调速等技术，减少能源消耗和二氧化碳排放等。在改造锅炉窑炉方面，优先发展天然气锅炉，推广低耗能离子点燃、超超临界锅炉、低污染燃烧等技术。更新改造低效窑炉，推广高效环保型燃烧器、生产过程自动控制等技术。在机电系统节能方面，推广变频调速、永磁调速等先进电机调速技术，对电力、有色、石化、纺织、食品、医药、建材等行业实施高效节能风机和水泵、压缩机系统优化改造，推广自动化系统控制技术，优化电机系统的运行和控制，推广节能变压器，发展智能电网等。

二是扩大节能战略实施的范围，主要是在农村地区广泛开展节能增效工作，推动政府机关等公共设施节能发展。将节能工作的范围逐渐由城市扩大到农村，重视农村地区节约能源带来的减排作用，围绕农村住宅节能和沼气、太阳能、生物质能等新型能源在农村的开发和利用，逐步建立符合农村生产、生活环境特点的节能体系。同时，各级政府机关要带头节能，成为全社会节能的表率。重点对政府机关、公用设施、宾馆商厦、学校医院等公共机构既有建筑及空调、照明系统进行节能改造，推广采用高效节能空调、照明系统和办公自动化系统，逐步建立政府机构节能的组织协调机制、量化管理体系和信息化管理平台，政府采购要优先选择节能产品等。

三是加大力度研发利用新的低碳技术，推动建立良好的低碳发展管理制度。围绕石化、冶金、建材、电力、煤炭等高耗能行业，大力推广节能低碳工艺技术，推广以高效节能电动机、高效风机、节能变压器等为主的节能机电装备；大力推广应用节能技术、节能设备、节能工艺、节能材料，组织制订和实施分行业的节能技术改造计划，实施工业设备节能、建筑节能、交通节能；推广太阳能光热发电技术，推广秸秆固化、气化、炭化技术和碳捕捉和封存技术等；在农业领域推广农业废弃物综合利用技术和生态农业技术，推广低排放高产水稻品种和水稻间歇灌溉技术，减少水稻甲烷排放等。促进节能服务产业发展，加强节能服务机构建设，提高为企事业单位和机关等提供节能诊断、设计、改造、运行、管理"一条龙"服务的能力，组建合同能源管理仲裁委员会、第三方节能质量检测机构、成立合同能源管理项目专项担保基金、成立合同能源管理专项扶持基金等，推行合同能源管理等市场化节能服务机制。

二、低碳试点地区的能源发展状况及试点成效

近年来，全国各地区都根据自身资源特点和条件，积极开发和推广使用低碳能源。截至2010年底，中国核电投产装机突破1000万千瓦总量，成为全球核电在建规模最大的国家；累计风电装机容量超过4200万千瓦，累计装机容量达到4200万千瓦，风能新增装机容量和累计装机容量"双居"世界第一；光伏电池产量占全球产量的40%，居世界首位；全国水电装机容量达2.1亿千瓦左右，水电年发电量6500亿千瓦时，折合约2.08亿吨标准煤，占能源消费量6.3%；太阳能热利用日益普及，太阳能热水器安装使用总量达

1.6 亿平方米，替代化石能源约 3000 万吨标准煤；生物质发电装机约 550 万千瓦，沼气年利用量达 130 亿立方米，生物燃料乙醇利用量 180 万吨。可见，低碳能源发展成效显著。发展改革委提出低碳发展试点工作之后，各试点省区和试点城市结合地区实际，提出了适应不同发展现状的低碳发展方案，通过一年多的试点实施，在低碳试点工作中取得了一定成效。

（一）低碳试点地区能源发展状况

试点地区政府纷纷通过调整产业结构、优化能源结构和提高能源效率等手段控制能源消耗过快增长，能源利用效率有所提高。到 2010 年，我国整体万元国内生产总值能耗为 1.02 吨标准煤，经济发展水平和产业结构不同的地区万元 GDP 能耗也不同，如图 3-1 所示。

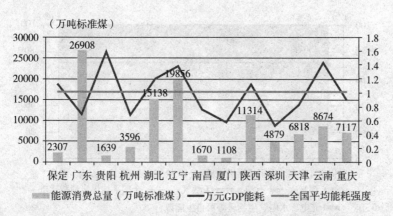

图 3-1　低碳试点省区和试点城市能源消费总量及能源效率情况

资料来源：各试点省区和试点城市低碳试点工作实施方案，中国能源统计年鉴 2011，江西统计年鉴 2011。

从图 3-1 中可以看到，各低碳试点省区和试点城市的万元 GDP 能耗围绕全国平均水平上下波动，整体而言经济发展水平越高，产业结构越优化，开发使用新技术、提高能源使用效率的能力就越强，万元 GDP 能耗下降幅度越大。在经济比较发达、产业结构比较高级的地区，例如广东、深圳、杭州、厦门等第三产业比重均在 45% 以上，万元 GDP 能耗分别为 0.66、

0.51、0.57 和 0.68，明显低于全国平均能耗；而贵阳、山西、云南等地经济发展相对落后，第一产业、第二产业所占的比较较大，其能耗强度也相对较高，均高于全国平均水平；辽宁作为东北老工业基地的代表，对第二产业的依赖性较大，其能耗强度也相对较高。

从能源消费结构方面来看，我国是一个煤炭资源相对丰富的国家，对煤炭等化石能源消费的依赖较强。根据 BP 统计数据，2010 年底我国煤炭探明可开采存储总量为 1145 亿吨，占全世界剩余探明可开采总量的 13.3%，位居世界第三。这种以煤炭为主的能源禀赋状况，决定了长期以来我国能源消费严重依赖于煤炭，2010 年我国煤炭消费总量 30 亿吨，约为世界煤炭消费总量的一半。在全国以煤炭消费为主的大环境下，低碳试点的省区和城市的能源消费也严重依赖于煤炭等化石能源。

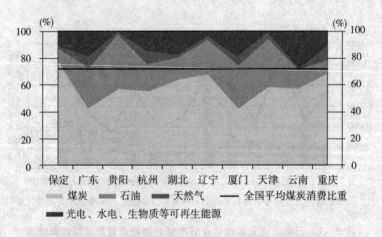

图 3 - 2 低碳试点省区和试点城市一次能源消费结构

资料来源：各试点省区和试点城市低碳试点工作实施方案。

从图 3 - 2 可以看到，由于我国"富煤、贫油、少气"的资源禀赋结构，造成了以煤炭为主的能源结构特征十分明显。2010 年全国煤炭消费总量占全部能源消费量的比重高达 71.9%。在试点地区，煤炭消费量占地区能源消费量的比重也均在 40% 以上，最高的为保定市。保定市由于一次能源资源尤为匮乏，仅在西部山区年产少量的煤炭和小水电，是一个典型的以煤炭为主要一次能源的地区，煤炭消费量占能源消费总量的比例高达77.2%，高于全国平均水平。在所有低碳试点地区，石油及产品消费占全部能源消费的比重仅次于煤炭的地位，这一比例基本维持在10%~35%之间，全国平均水平为20%。由于我国天然气资源十分匮乏，在试点地区天然气的消费比重均较低。光电、水电、生物质能等其他可再生能源的消费在试点地区的比重比较可观，大多数试点地区的比重都在10%以上，远远高于全国平均水平（全国平均水平为3.5%）。在保定、湖北、云南等试点地区，光电、水电、生物质能等其他可再生能源的消费比重甚至高于石油消费比重，原因之一是这些地区在可再生能源的禀赋上具有一定的优势，原因之二是国内许多省份很早就着手低碳发展研究和规划工作，并对低碳工作进行部署，在低碳发展的道路上已经具有一定的基础。从这一特点上可以看出，实施低碳发展试点工作的省份和地区在能源结构上普遍具有一定的基础，部分省市在开发利用新能源方面具备一定的经验，同时由于不同的能源资源禀赋，在地区分布、经济发展水平方面具有一定的代表性，在这些地区试点推广低碳发展，对全方面地实施低碳发展战略具有重要的参考价值。

（二）能源低碳发展试点成果

国家开展低碳试点工作以来，为推进能源领域低碳化发展，加快可再生能源开发利用，国家一方面持续加大对可再生能源的投资，另一方面加强对可再生能源发电的并网收购。在国家政策的大力推动和试点省区及城市的积极行动下，我国能源部门低碳化发展取得了一批成果。

一是可再生能源投资力度加大，发电装机容量持续增长。2012年我国完成水电投资额1277亿元，核电投资额778亿元，风电投资额615亿元，在国家政策的大力推动下，我国可再生能源发电装机容量持续增长，截至2012年底，我国水电装机容量达到2.49亿千瓦，核电装机1257万千瓦，并网风电6083万千瓦，并网太阳能发电328万千瓦，可再生能源发电量的大幅增长有

力保障了全社会的电力供应。水电方面，湖北和云南水电产量分别达到
1346.49 亿和 1038.11 亿千瓦时，两省的水电产量合计占全国总产量的
31.4%。风电方面，规模不断扩大，风电产量保持高速增长，2012 年 1～11
月风电产量累积达到 836.2 亿千瓦时，同比增长 26%。辽宁风电开发利用的
力度大幅提高，截至 2012 年 7 月，全省累计并网风电装机达到 457 万千瓦，
累计发电量 47 亿千瓦时，占全省发电量 5.4%，运行风电场分布在全省 11 个
市、23 个县区，风电已经成为辽宁的第二大电源。核电方面，随着 2011 年 3
月日本福岛核电站泄漏事故的发展，出于安全的考虑，我国核电建设有所放
缓。尽管如此，广东省岭澳核电二期工程建设顺利完成，全省在运核电机组
容量达到约 610 万千瓦，在建核电机组容量近 1000 万千瓦，2012 年全国核电
产量总计 973.95 亿千瓦时。

　　二是化石能源结构得到优化，天然气建设和利用成效显著。优化化石能源
结构主要是指提高天然气在化石能源中的比重，因为当提供同样多的热量时，
燃烧天然气排放的二氧化碳要远远低于其他化石能源。大力发展天然气是我国
能源结构调整的重点之一，也将成为绿色低碳能源供应的一个重要支柱。从图
3-3 可以看到，2011 年部分试点省市的天然气消费量均有上升，天然气消费占
化石能源消费的比重也有较大提高，化石能源结构优化取得了显著成效。

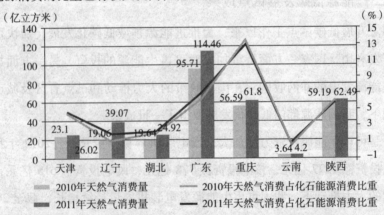

图 3-3　低碳试点省区和试点城市化石能源消费结构变化情况

资料来源：中国能源统计年鉴 2012。

由于我国天然气资源 80% 以上分布在鄂尔多斯、四川、塔里木、柴达木和南海莺—琼大盆地，因此利用天然气资源必须协调发展天然气的产、输、销等环节，合理布局天然气管网和储运。2011 年 6 月 30 日，西气东输二线主干线贯通投产，我国已初步形成了以"西气东输"一线、"西气东输"二线、陕京一线、陕京二线、忠武线、涩宁兰线等主干管道，以及冀宁线、淮武线、兰银线、长宁线等 4 条联络管道为主框架的全国性天然气管网，详见表 3-3。提出低碳试点工作以来，优化化石能源结构、大力发展天然气的任务日益受到重视，在天然气资源比较缺乏的广东省，2011 年完成了西气东输二线广东段主干线（约 260 公里），天然气主干管网一期工程按计划推进，部分已与西气东输二线广东段主干线同步建成投入使用，同时珠海液化天然气（LNG）和南海海上天然气珠海高栏港接收站全面开工建设。

表 3-3 2011 年我国主要天然气管道情况

管道	所属公司	起点	终点	长度（千米）	输气能力（亿立方米/年）	投运时间
崖港线	中海油	南海崖 13-1	海南、香港	778	34	1996 年 6 月
陕京线	中石油	靖边长庆	北京	1256	33	1997 年 9 月
涩宁兰线	中石油	涩北 1 号	兰州	931	34	2001 年 9 月
西气东输	中石油	新疆轮南	上海	4000	120	2004 年 12 月
忠武线	中石油	重庆忠县	武汉	738	30	2004 年 12 月
陕京二线	中石油	陕西榆林	北京	932	120	2005 年 7 月
川气东送	中石化	四川普光	上海	1702	120	2020 年 3 月
永唐秦	中石油	河北永清	秦皇岛	320	90	2009 年 6 月
长岭—长春—吉化	中石油	吉林长岭	吉林石化	221	28	2009 年 12 月
陕京三线	中石油	陕西榆林	北京	1000	150	2010 年 12 月
西气东输二线	中石油	新疆霍尔果斯	广州	9000	300	2011 年 6 月
秦沈线	中石油	秦皇岛	沈阳	406	80	2011 年 6 月
江都—如东	中石油	江都	如东	276	120	2011 年 6 月

续表

管道	所属公司	起点	终点	长度（千米）	输气能力（亿立方米/年）	投运时间
大沈线	中石油	大连	沈阳	430	84	2011 年 9 月
长庆—呼和浩特复线	内蒙古天然气有限公司	靖边长庆	呼和浩特	492	60	2011 年 11 月
克什克腾旗—古北口	大唐国际	内蒙古克什克腾旗	北京密云	359	40	2011 年 12 月
靖榆线	中石油	靖边	榆林	113	155	2005 年 11 月
冀宁线	中石油	仪征	安平	1494	91	2006 年 6 月
淮武线	中石油	淮阳	武汉	475	15	2006 年 12 月
兰银线	中石油	兰州	银川	401	35	2007 年 6 月

注：靖榆线恋童陕京一线和二线；冀宁线连通西气东输和陕京线；淮武线连通西气东输和忠武线；兰银线连通西气东输和涩宁兰线。

资料来源：中国能源发展报告 2012。

三是通过国家低碳试点政策推动低碳能源产业发展，形成了三种政策执行模式。第一种模式为基于政府行政体系的、自上而下的节能政策执行模式。在这种模式中，中央政府通过给地方政府下达行政指标，地方政府进行逐级监督，并最终重点监管耗能企业，形成自上而下的推动能源低碳发展。第二种模式以目前风电行业为代表，通过政府制定有利于市场发展的政策，激励能源企业积极响应，多方面力量积极主动、共同推动，最终实现产业低碳化发展的政策执行机制。在这种机制中，政府则不是作为直接推动的力量，而是起到引导和支持的作用。第三种模式是以太阳能光伏领域为代表的自下而上的企业—产业推动型模式。在企业—产业推动模式中，首先是能源生产企业采取一系列行动扩大产业产能，扩大国内外市场，从而推动政府部门制定适合产业发展的政策，最终达到产业发展和政策保障的良性作用机制。

三、低碳试点地区低碳能源发展的经典案例

近年来，在低碳试点地区政府部门的大力引导和积极推进下，在低碳能源发展领域已经积累不少经典案例，包括太阳能光伏产业发展、农村沼气等清洁能源利用、风力发电、地热开发等都取得了一定成效。

（一）保定构建完善的光伏产业体系

保定市太阳能光伏发电产业已建立起以多晶硅、单晶硅、薄膜电池为主的光伏电池产业格局，形成太阳能光伏产品研发、制造、应用完整产业链，并在光热发电、太阳能电站、太阳能建筑一体化技术领域取得突破，构成了完整的产业体系。目前，保定市的太阳能光伏发电已经跨入了应用的新时代。

其中，英利集团有限公司的光伏产业发展在行业占据重要地位。该公司成立于 1987 年，多年来立足太阳能光伏产业，致力于"生产老百姓用得起的绿色电力"，在推动中国光伏产业装备升级、技术进步、人才储备和市场开拓等方面作出了积极贡献。据统计，英利目前已有 5 吉瓦光伏组件安装在世界各地。2011 年销售光伏组件 1.604 吉瓦，全球排名第二，销售收入达 200 亿元。2012 年出货量达到 2.1~2.2 吉瓦，2015 年可达到 6.5 吉瓦。英利集团每年可产生 71.5 亿度清洁电力，相当于节约 260 万吨标煤，减排 715 万吨二氧化碳；按照 25 年的组件寿命计算，共产生 1787.5 亿度清洁电力，节约 6500 万吨标煤，减排 1.8 亿吨二氧化碳。

英利公司在全球光伏行业保持领先水平，关键是拥有四项领先技术，分别是大容量磁悬浮飞轮储能技术、N 型硅高效太阳能电池生产技术、类单晶硅生长及缺陷控制关键技术、"新硅烷法"制备高纯硅技术。同时，公司还具备三大领先优势。一是垂直一体化运营模式，保持最完整产业链质量和成本

控制优势。这种模式使单瓦耗硅、非硅成本两项指标全球领先。二是"三大互动"创新模式，保持全球光伏行业技术领先优势。目前已获得省部级科技进步奖 4 项，科技成果鉴定 12 项，申请专利 208 项，其中 120 项已获授权，主持和参与编写的国家及行业标准共 15 项。三是借力世界杯足球赛，成就全球知名品牌的优势。集团积极实施全球化品牌战略，被国际足联确定为全球可再生能源领域唯一的合作伙伴。英利成为首家赞助足球世界杯的中国企业。英利同时还是美国国家足协和足球队、德国拜仁慕尼黑足球俱乐部的高级合作伙伴。持续的品牌营销策略大幅提升了英利品牌在全球的认知度和美誉度，产品溢价能力大幅提升，"yinglisolar"成为全球著名光伏品牌。

（二）云南省农村地区大力推广清洁能源使用

云南是中国多民族的边疆山区省，山区占全省总面积94%，农村能源建设既能有效地遏制滥砍滥伐，保护森林资源，改善农业生态环境，又能充分利用农村可再生资源，改善农村生活、生产、卫生条件。大力发展农村能源，得民心，顺民意，对于进一步推进云南省农业和农村经济的健康发展具有重要作用。作为低碳发展的重要措施，近年云南省大力发展农村沼气工程、节柴改灶工程、农村太阳能工程等农村能源项目，有效解决了广大农村生活生产的用能问题。到 2011 年底，全省农村户用沼气保有量达到 281 万户，占总农户数 910 万户的 31%，占宜建池农户 637 万户的 44%，有近 1000 万农民从中受益；建设中央资金农村沼气乡村服务网点 5001 个，大中型沼气工程 78 个，养殖小区（联户）沼气工程 364 个；"十一五"期间，共完成农村改灶 67.8 万户，全省累计保有量达到 598 万户；推广太阳能热水器 70 多万平方米，全省累计达到 180 多万平方米。其中，石林县圭山镇糯黑村 2009 年初全村的能源还以烧柴为主，为保护生态环境，保护森林植被，改善农村环境卫生状况，石林县于 2009 年 5 月 1 日在该村建设农村户用沼气池，全村共完成沼气建设 384 户，占总户数的 97.7%，目前 384 户均正常使用，效果较好，深受建池农户欢迎。鲁甸县茨院乡板板房移民新村作为新农村建设示范点的移民新村，近年来，重点推进沼气建设、生活质量显著提高。积极发动广大百姓家庭开展"一池、五改、四有"，村容村貌整治率达100%，环境卫生得到了很大改善。积极发展沼气池建设，共有84户建设有沼气池，沼气普及率达97.6%。

（三）辽宁省大力推进风力发电

辽宁省风能资源丰富，其中尤以沿海一带的强压型风能区及西北部一带强大的风力收缩区集中，辽宁省的风电场建设也始终处于全国领先地位。早在"十一五"时期，辽宁省以风电为代表的可再生能源就得到快速发展，2010年辽宁省的风电装机总量达到308万千瓦，列全国第三位，占全省发电装机总量的9.67%，是2005年的24倍，风力发电量占全省发电总量的3.52%，比2005年提高3.3个百分点。2010年8月，国家低碳省区和城市试点工作正式启动以来，在发展改革委和能源局的大力支持下，按照辽宁省委省政府的部署，结合辽宁实际，持续加大风能开发利用的力度，已经取得了显著成效。根据《辽宁省低碳试点工作实施方案》，辽宁省在风力资源开发与利用上将坚持陆海兼顾，加快推进完成全省的陆地风能资源详查等工作，适时推进开展海上风能资源普查以及相关规划、示范工作；在与生态环境协调发展的前提下，加快推进以辽西北和沿海为重点区域的风电场建设；在发展目标上，确保到2015年，总装机规模突破600万千瓦，占到辽宁全省内装机容量比重将超过13%，风力发电量比重达到5%，积极推动电网消纳和风电场储能技术进步，创造条件力争实现风电装机1000万千瓦，装机比重超过20%，电量比重超过8%。

（四）天津空港经济区地热和太阳能综合利用

天津空港经济区以国际化、人文化、生态化为发展标准，努力建设生态型现代工业园区，重点发展民用航空、战略性新型产业、高端服务业等。目前，AIRBUS、中航直升机、中兴通讯、中国移动、中国联通、美国 CSC、阿尔斯通、加拿大铝业、卡特彼勒、中远控股、大众中国、海航集团、中储粮等项目已经落地。2011 年，空港经济区实现地区生产总值 874.5 亿元，比上年增长 30%；工业总产值 1100.4 亿元，比上年增长 35.7%。其中，高新技术产业实现产值 548.5 亿元，比上年增长 67.1%，占全区工业总产值的 49.8%；固定资产投资 340.5 亿元，比上年增长 21.3%。在经济总量快速增长的同时，空港经济区积极推动低碳经济发展，特别是在地热能和太阳能利用方面取得了突破。

一是地热资源高效广泛利用。空港经济区位于山岭子地热田内，该地区赋存丰富的地热资源，具有得天独厚的综合利用条件。空港经济区积极推动地热资源的合理利用，目前，地热供暖已占区域总供热面积的 30%。空港经济区积极推动地源热泵技术在新建建筑和既有建筑上的应用，已形成土壤源热泵、水源热泵、污水源热泵、尾水源热泵等浅层地热的综合利用。按照市政供热面积的计算口径，目前空港经济区利用浅层地热能供冷供热的面积已达到约 270 万平方米，涉及大型公共建筑、大型工业厂房等建筑类别，涵盖了天津汽车模具公司、阿尔斯通水电公司、航空机电公司等 53 个项目。和市政集中供冷供热相比，每年约节约 38779 吨标准煤。空港经济区的深井地热利用也达到了较大规模，截至目前，供冷供热面积已达到约 153 万平方米。目前，天保热电公司已完成融合广场、蓝领公寓、白领公寓、邻里中心、圣光假日酒店等项目的地热阶梯利用。据测算，与传统的集中供热相比，年约可节约 23475 吨标准煤。

二是光伏发电取得重要突破。太阳能光伏发电是调整能源利用结构、落实节能减排政策的重要途径，既符合国家的新能源利用政策，也符合天津市利用新能源的自然条件。空港经济区将光伏发电作为新能源利用的重要选突破口，目前已经建成三个项目共 2.4 兆瓦光伏发电项目，另有 2 兆瓦的项目正在建设过程中。据测算，已建成的光伏项目在生命周期内约可发电 7200 万度无碳电量，节约标准煤 8849 吨。

四、能源低碳试点工作的经验及面临的障碍

低碳发展试点是中国低碳发展政策和制度创新的关键途径。地方政府充分发挥领导负责带动作用，制订发展规划，整合各种资源，立足自身经济发展水平和绿色低碳发展基础，推动了低碳试点工作的发展。低碳试点以来，低碳试点在能力建设、低碳发展手段、低碳内涵等方面做了大量探索，并因地制宜积极发展各种试点方案，尽管目前距试点省区和试点城市设定的低碳试点目标执行完毕时间还有很长时间，但经过这一阶段的试点，部分试点措施已经取得了初步成效，形成了不少值得分享和借鉴的经验，同时能源领域的低碳发展也面临着一些问题，应该及时总结研究，探讨解决问题的可能途径。

（一）我国能源低碳试点工作的经验

第一，发挥试点地区政府主要领导的作用，通过政府部门制订规划，整合多种资源，立足自身实际情况开展能源低碳试点工作。在低碳试点省区和试点城市均成立了以地方主要领导（省长、市长等）作为组长的低碳领导小组，并将办公室设在发展改革委，对全省（市）的低碳发展实行统一领导、统一指挥、统一协调和统一监督。在发展改革委低碳试点工作的要求下，所有试点省区和城市均将低碳试点工作纳入地区发展"十二五"规划，并依据自身实际制定了低碳试点实施方案，提出了明确的能源结构调整方向和温室气体排放控制目标。此外，大部分试点省市还已成立低碳相关的研究机构，针对试点措施、试点项目的可行性进行深入研究。

第二，探索建立与低碳试点要求相适应的长效机制。各试点省区和试点城市计划制定适用于本区域的任务目标分解制度、督查督办及目标考核制度、公众参与及舆论监督制度等，将本省（市）在"十二五"规划中预期达到的任务目标总量进行分解，落实到各区县、重点园区及重点企业（项目）等，并明确重点任务，强化目标任务责任制，确保低碳试点工作有序推进，顺利完成规划中能源消费总量控制的目标。

第三，坚持调整产业结构和促进节能增效两手抓。调整能源结构、加强可再生能源技术研发和利用程度，既是解决我国所面临的资源瓶颈的应对之举，也是我国应对气候变化、走低碳发展道路的当务之急，更是我国摆脱能源危机、占领新的经济制高点的重要机遇；而节能被誉为继煤炭、石油、天然气和可再生能源之后的第五大能源。开发新能源面临着难度大、周期长和风险高等特点，节能相对开发新能源来说可能更容易见到实效，因此对我国而言，节约能源是构筑国家能源安全体系的首要选择。在各试点地区的低碳试点实施方案中，都提到了构建低碳能源结构和推进资源能源节约与综合利用的重点行动和示范工程。

第四，积极开展低碳能源试点示范机制，推进低碳能源建设。各试点省市基本都在内部采取以点带面的模式，开展试点建设。低碳能源发展试点示范工作主要包括四种形式：一是通过在省市内部选取市、县、区等下级单位进行低碳试点，进而推广到全省市范围；二是通过城区、园区、社区等聚集区域进行低碳能源示范建设；三是通过区域内重点企业或重点项目，储备低碳能源技术、低碳能源布局的经验等，带动全面发展；四是在企业、机关、学校等公共机构设施中实施低碳能源措施，例如通过对建筑及空调、照明系统进行节能改造起到示范带动作用。

（二）我国能源低碳试点工作中遇到的主要障碍及对策

在我国低碳试点工作取得积极成果的同时，能源低碳试点工作中也存在一定的问题，值得及时发现探讨，以便在今后的工作中重点关注解决，保证低碳试点工作顺利进行。

第一，从地方对低碳发展的认识来看，由于试点地区处于工业化和城市化快速发展的不同阶段，各方对低碳发展的认识和理解还存在局限甚至误区，致使能源低碳试点的目标还不够明确，低碳试点省区和城市在能源低碳化方面设置的目标较多地表现为上级政府部门规定的硬性约束，试点地区自身在设置试点发展目标时不够远大，体现不出试点地区与其他地区的显著区别，同时目前各试点低碳规划和发展手段雷同，重点不突出，特色不明显，重规划而政策工具不强。今后还需要在理论研究和实践工作中不断加强对低碳发展的认同，制定特色鲜明、重点突出的能源低碳化实施规划。

第二，新能源开发有待加快，能源产业布局不合理。核能作为清洁能源，产生的温室气体甚至小于风电、水电和生物质能发电等。2011 年 3 月，受日本福岛核电事故的影响，我国一度中止了新建核电站的审批工作，核电的发展受到重创，我国核电发展距 2020 年运行规模要达到 4000 万千瓦的目标还很远，应在保障安全的前提下，对核电的安全可靠性、核废料处理、环境影响等因素进行综合控制，稳步推进核电发展。在水电方面，由于我国水电资源地区分布不均，水电生产西多东少，须加快推进智能电力系统建设，通过全国范围内的智能电网将西部地区生产的水电运往电负荷较大的东部地区。在风电领域，我国的多数风电企业集中于制造环节，风电企业往往以产能的扩大而不是依靠自我研发能力的提高来增强市场竞争力，致使国内风电机组的制造能力在较短的时间内就超过了国内需求量，而风电的国外市场又没有得到有效开拓，形成了供需不匹配的现状。今后应该加大风电行业的自主创新能力，通过自主知识产权提升风电企业的竞争力，走风电集约化发展的道路。在太阳能光伏发电领域，我国光伏产业链结构不合理，存在上游小下游大的不良格局，因此必须加强光伏产业链中上游发展，在硅材料的研发和利用方面加大投入，同时我国光伏产业的发展主要依赖于国际市场，受国际金融危机发达国家加大对自身新能源产业保护力度的影响，我国光伏产业国际市场形势异常严峻，亟待改善。

第三，国内能源需求量将持续增加，能源低碳发展面临相当大的难度。目前我国仍处于工业化和城镇化快速发展阶段，经济发展方式仍较为粗放，要继续保持各个部门能耗强度明显下降的态势，其难度将明显增加。同时，在核电当前遭遇发展阻碍、可再生能源比重低、国际市场拓展困难以及国际对我国低碳发展预期提高的情况下，实现"十二五"规划纲要中的三个节能约束性指标，尤其是非化石能源比重上升具有相当大的难度，因此必须合理控制发展高耗能产业项目，严格按计划完成各年低碳发展指标，确保低碳指标控制在设定范围之内。

最后，目前我国低碳发展偏重于发展规划和实施方案的制定工作，地方政府部门对低碳发展的年度总结和自查重视不够，在低碳试点过程中形成的较好的经验不能及时总结推广，同时局部地区遇到的典型问题不能引起其他地区、其他部门的共同研究解决，对于同一问题各试点地区需要重复工作。因此，必须尽快建立低碳试点工作经验问题分享交流平台，推动各试点省区和试点城市对年度工作进行总结，定期审查低碳试点工作计划实施情况，并加大信息公开力度，在可能的条件下引入公众参与评价，使低碳发展更加突出人的重要意义。同样，对于低碳能源领域的各方面工作，各地区需要加强交流，总结不足，推广经验。

第四章

低碳交通试点及未来推进思路

由于我国地域广阔、人流物流运输量大，在交通运输业蓬勃发展的同时，长期以来交通业能耗也占我国能耗的较大比例。在加快推进节能减耗和低碳发展的时代呼吁下，低碳交通发展越来越受到社会各界的重视和大力推进。2006 年交通运输部成立城市节能工作协调小组，自此我国交通运输业发展进入重要的转折时期，到 2011 年开始启动建设低碳交通运输体系试点工作，我国交通发展迎来了低碳化时代。目前，在试点地区，低碳交通发展初显成效，适时总结相关工作经验和有效模式，对于下一步在全国全面推进低碳交通建设具有重大的现实意义。为此，本章主要就我国低碳交通发展的创新模式、共性特征予以总结，并在此基础上总结低碳交通推进的重点任务和总体思路。

一、低碳交通的概念及我国推进政策

从运输方式看，交通运输部门的耗能主要来自道路、铁路、民用、水路及管道运输，其中尤以公路运输的能耗和二氧化碳的排放量较高。改革开放以来，随着我国工业化和城镇化的推进，交通运输规模长期以来保持持续增长态势。目前，我国交通运输部门的能耗大约是全社会总能耗的 8% 左右，油品消耗量约占全社会消耗总量的33%①。可见，在全面推进低碳发展的形势下，大力推行低碳交通是我国应对气候变化的必要举措。

低碳交通运输是低碳发展的重要组成部分，是一种以高能效、低能耗、低污染、低排放为特征的交通运输发展方式，其核心在于提高交通运输的能源效率，改善交通运输的用能结构，优化交通运输的发展方式，目的在于使交通基础设施和公共运输系统最终减少以传统化石能源为代表的高碳能源的高强度消耗。"十一五"时期以来，国务院、交通运输部门在引导我国交通低碳化发展上也相继出台了一系列的指导意见、规划以及政策文件等，做了大量的推进工作，对我国交通运输业的低碳转型起到重要的推动作用。

2006年11月，交通运输部成立了节能工作协调小组，负责领导交通行业节能工作，研究制定相关规划、政策等，协调解决行业节能工作中的重大问题；到2008年5月节能协调小组调整为交通运输部节能减排工作领导小组，显然交通运输部门在工作层面要节能与减排双管齐下，推进交通运输行业的低碳发展。2008年9月，交通运输部发布《关于印发公路水路交通节能中长期规划纲要的通知》（交规划发〔2008〕331号），其中，明确指出了公路水路交通节能的总体思路、主要任务、重点工程及保障措施。2009年2月，交通运输部发布《关于印发资源节约型环境友好型公路水路交通发展政策的通知》（交科教发〔2009〕80号），指出"将资源节约、环境友好作为加快发展现代交通运输业的切入点，构建一个更安全、更通畅、更便捷、更经济、更可靠、更和谐的现代交通运输系统"。2011年2月，交通运输部发布《关于印发建设低碳交通运输体系指导意见》和《建设低碳交通运输体系试点工作方案》的通知（交政法发〔2011〕53号），指出了我国建设低碳交通运输体系的总体思路、重点任务及保障措施等，同时明确低碳交通运输体系建设试点以公路、水路交通运输和城市客运为主，选定天津、重庆、深圳、厦门、

①　发展改革委宏观经济研究院编写组：《低碳发展方案编制原理与方法》，中国经济出版社2012年版。

杭州、南昌、贵阳、保定、无锡、武汉 10 个城市开展首批试点。同年 4 月，交通运输部正式印发的《交通运输"十二五"发展规划》，指出"以节能减排为重点，建立以低碳为特征的交通发展模式，提高资源利用效率，加强生态保护和污染治理，构建绿色交通运输体系"。为全面落实党的十八大提出全面建成小康社会的宏伟目标和"五位一体"的总体布局，加快推进绿色循环低碳交通运输发展。

2012 年 6 月，国务院发布《关于印发节能与新能源汽车产业发展规划（2012～2020 年）的通知》（国发〔2012〕22 号），提出要到 2015 年纯电动汽车和插电式混合动力汽车累计产销量力争达到 50 万辆，到 2020 年纯电动汽车和插电式混合动力汽车生产能力达 200 万辆，累计产销量超过 500 万辆，燃料电池汽车、车用氢能源产业与国际同步发展。主要任务有：一是实施节能与新能源汽车技术创新工程，包括加强新能源汽车关键核心技术研究、加大节能汽车技术研发力度和加快建立节能与新能源汽车研发体系；二是科学规划产业布局，包括统筹发展新能源汽车整车生产能力、重点建设动力电池产业聚集区域和增强关键零部件研发生产能力；三是加快推广应用和试点示范，包括扎实推进新能源汽车试点示范、大力推广普及节能汽车和因地制宜发展替代燃料汽车；四是积极推进充电设施建设，包括制定总体发展规划、开展充电设施关键技术研究和探索商业运营模式；五是制定动力电池回收利用管理办法，建立动力电池梯级利用和回收管理体系，明确各相关方的责任、权利和义务，加强动力电池梯级利用和回收管理。

2012 年 9 月，住房城乡建设部、发展改革委、财政部联合发布《关于加强城市步行和自行车交通系统建设的指导意见》（建城〔2012〕133 号），旨在为促进城市交通领域节能减排，加快城市交通发展模式转变，预防和缓解城市交通拥堵，促进城市交通资源合理配置，倡导绿色出行，针对当前城市步行和自行车交通环境日益恶化、出行比例持续下降的实际情况，就加强城市步行和自行车交通系统的建设，提出指导意见。其中，在发展目标中指出，大城市、特大城市发展步行和自行车交通，重点是解决中短距离出行和与公共交通的接驳换乘；中小城市要将步行和自行车交通作为主要交通方式予以重点发展。到 2015 年，城市步行和自行车出行环境明显改善，步行和自行车出行分担率逐步提高。市区人口在 1000 万以上的城市，步行和自行车出行分担率达到 45% 以上；市区人口在 500 万以上、建成区面积在 320 平方公里以上或人口在 200 万以上、建成区面积在 500 平方公里以上的城市，步行和自行车出行分担率达到 50% 以上；市区人口在 200 万以上、建成区面积在 120 平方公里以上的城市，步行和自行车出行分担率达到 55% 以上；市区人口在 100 万以上的城市，步行和自行车出行分担率达到 65% 以上；其余城市，步行和自行车出行分担率达到 70% 以上。

2013 年 5 月，为全面落实党的十八大提出全面建成小康社会的宏伟目标和"五位一体"的总体布局，加快推进绿色循环低碳交通运输发展，交通运输部发布《关于印发加快推进绿色循环低碳交通运输发展指导意见的通知》（交政法发〔2013〕323 号），提出绿色循环低碳交通运输发展的总体要求，主要任务及保障措施，其中主要任务包括：强化交通基础设施建设的绿色循环低碳要求、加快节能环保交通运输装备应用、加快集约高效交通运输组织体系建设、加快交通运输科技创新与信息化发展和加快绿色循环低碳交通运输管理能力建设。

二、现阶段我国低碳交通发展的典型经验

自 2011 年实施低碳交通体系建设试点以来，各地区结合自身的交通运输特点及发展需要，开展了一系列的低碳交通推进工作，从目前低碳交通体系建设以及低碳交通发展成效看，取得了不少先进的工作经验。这里，重点介绍杭州市、昆明市呈贡区和重庆市的低碳交通推进的典型经验。

（一）杭州："五位一体"的大公交体系

杭州的低碳交通体系较为完善，已经构筑地铁、公交车、出租车、水上巴士、公共自行车"五位一体"的大公交体系，实现了地铁、公交车、出租车、水上巴士、公共自行车5种公交方式"同台换乘"，充分发挥现有城市道路资源最大通行能力。总的来看，包括五个方面：一是加快推进"公交优先"战略。二是大力发展公共自行车。倡导"绿色出行"，建设公共自行车服务系统。三是加强交通智能化管理。大力推进智能交通管理系统和现代物流信息系统建设，提高交通运输组织管理的现代化、智能化、科学化水平，促进各种运输方式之间相互协调，逐步实现客运"同台换乘"和货运"无缝隙衔接"，降低运输工具空驶率，建设智能型综合交通运输体系。四是加强重点公路工程建设和大型运输企业的能耗管理，积极推进交通运输节能。五是严格执行机动车排放标准，积极推进机动车清洁能源应用。在杭州市出行，可以真正体验到"低碳、高效、便捷和特色"。

①极力倡导公交优先。实现市区公共交通出行分担率达到40%以上，万人公交车拥有率达到25标台，新能源与节能型交通工具比例达到10%以上。

②大力发展公共自行车。倡导"绿色出行"，加快公共自行车服务系统建设，确保2015年底公共自行车服务点达到3500个、营运公共自行车达到9万辆，并积极延伸公共自行车服务网点，增加24小时服务点的数量。公共自行车系统，使杭州市民和中外游客都能利用公共自行车系统实现"点到点、门到门"出行。公共自行车出行减少了环境污染，维护着杭州的青山绿水。公共自行车把出行转变为一种运动休闲方式，引发了广泛的使用兴趣与热情，引导人们健康、快乐、环保生活。相信这一绿色出行方式必将扩散示范效应，推动国内外其他城市绿色交通的发展。

③加强交通智能化管理。推进智能交通管理系统和现代物流信息系统建设，提高交通运输组织管理的现代化、智能化、科学化水平，促进各种运输

方式之间相互协调，逐步实现客运"同台换乘"和货运"无缝隙衔接"，降低运输工具空驶率，建设智能型综合交通运输体系。

④积极推进交通运输节能。加强重点公路工程建设和大型运输企业的能耗管理，对交通运输行业年耗油1000吨以上的重点用能单位开展节能目标管理，按照单耗节油2%以上的目标与用能单位签订目标责任书并实施考核。加强汽车、轮船等交通运输工具的节能技术推广力度，至2015年厢式车辆占营运车辆比重提高到40%，重型车辆占营运车辆比重提高到20%，专业车辆占营运车辆比重提高到20%，全市城乡客运一体化率力争达到90%以上。合理进行城市（际）功能区和快速公交设施（包括轨道交通）的规划和建设，严格实施乘用车燃料消耗量限值标准。加大交通节能减排技术开发和推广应用。

⑤严格执行机动车排放标准。严格执行新增或更新机动车达到国（欧）Ⅲ及以上排放标准、新增或更新市区出租车达到国（欧）Ⅳ及以上排放标准，实行机动车环保标志分类管理，强化机动车尾气排放检测。通过政策鼓励和区域限行等办法进一步加快淘汰"黄标"车辆，鼓励提前淘汰主城区高污染机动车辆。切实加大机动车尾气污染控制力度。积极推进机动车清洁能源应用。

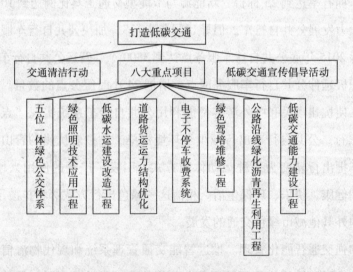

图4-1 杭州市低碳交通建设重点工作

当然，"构建五位一体绿色公交体系"只是杭州积极打造低碳交通建设重大项目中的主要一项。除此之外，还包括绿色照明技术应用工程、低碳水运建设改造工程、道路货运运力结构优化、电子不停车收费系统、绿色驾培维修工程、公路沿线绿化、沥青再生利用工程、低碳交通能力建设等重点工程等（见图 4-1）。其中，在低碳交通能力建设方面，一是低碳交通数据统计体系建设。开发完成了企业能源消耗录入系统，采集了交通运输企业及码头等的基础信息，建设了企业能源消耗统计数据库，开发了包含能耗产值比分析、区域能源消耗分析、行业能源消耗分析在内的交通能源消耗分析系统。二是公路建设质量安全监督物联网技术。三是信息化项目，加快推进手机版公众出行服务系统及出租车移动智能扬招系统、交通工程建设项目管理平台、交通系统视频会议系统等建设。此外，在工程设计中严格贯彻执行国家有关节能设计标准和行业规范，把节能设计纳入到质量管理体系中。在重要公路项目中，确定合理走廊带，注重与次等级公路、地方道路、水运以及轨道等交通设施的衔接，提高走廊带内各种交通方式的集聚水平，降低对沿线土地开发的影响，着力打造综合运输通道。

（二）云南（呈贡）："慢行城市"理念下的绿色出行

呈贡新区是昆明低碳城市建设的先行者，在城市规划中积极推进"低碳城市"、"慢行城市"建设。2010 年以来，新城核心区约 10 平方公里建设用地按照"低碳路网"的理念进行优化完善。主要突出以下方面：一是公交系统，建立快速公交、公交和慢行专用街道、公交专用车道等构成的密集的公交系统；快速公交形成网络，并与地铁站点紧密配合。二是机动车系统，强调车流的稳定性、均匀性和连续性，采用车道少的单向二分路。三是设计适宜行走的街道和人行尺度的街区来强化人行交通。四是将人行安全和便捷的需求纳入到建筑设计中。五是营造便于自行车交通的路网来降低机动车的需求。六是建造以公共交通为导向的街区和社区来增加公共交通的使用率。七是提倡混合型土地使用模式来分散公共出行目的地。八是在步行可及范围内设置公共绿地和公共服务。

其中，"慢行"理念在新城规划设计中体现尤为明显。例如，在彩云路两翼布置两条平行的自行车道，并增设一条仅供公交车、步行、自行车使用的道路，推进无尾气、无拥堵的通勤便道。把原来快车道的设计，改为既有自行车道、人行道，又有湖泊、公园、树林等休憩空间的道路，看似简单的一个调整，却隐含着城市建设中的一个新理念——不再单纯为让汽车快速通行而建设道路，要建让人们可以放慢脚步，慢慢地在路上品味这座城市，享受生活的道路。在当前能源供应趋紧、大城市交通拥堵加剧的背景下，规划高品质的慢行交通体系能够引导市民形成全新的出行观念。通过营造环境优美宜人、高度人性化的慢行环境，可以增进市民之间的情感交流，保护市民的生活安全，促进城市居民创造力的发挥。并可直接支持城市休闲购物、旅游观光、文化创意产业发展的提升，从而提高城市整体魅力。

随着低碳理念深入人心，公共出行慢行系统及公共自行车绿色出行将成为一种时尚。未来在城市主要商业中心，滨海、滨湖环湖区域，公交枢纽以及新城大型生活区，中小学校等地都可以科学地规划建设健康步道、步行系统、人行立交、自行车系统、公共自行车系统等一批慢行系统。城市建设特别是新城建设将更多地关注行人、骑自行车出行环境，使得慢行系统和机动车和谐共存的道路资源和路权分配理念得到更好的体现。

（三）重庆：全力推进低碳交通项目，构建低碳交通运输体系

在积极推进低碳交通上，重庆通过项目带动，加大投入，逐渐构筑低碳型的交通运输体系。一是发展快速公交系统，快速推进轨道交通建设，形成完善的轨道交通网络，构建一体化公共交通体系。二是推广应用新能源汽车，建立电动车充电网络；推广使用 CNG 汽车、电动汽车、小排量、轻型化和环保型汽车，推广节能惠民工程节能汽车推广目录中的车型。三是推进城市室

内照明、公路和隧道照明、市政装饰的半导体照明应用示范和推广普及。四是推进智能交通网络体系建设。五是在有条件的区域建立由自行车和步行构成的慢行交通体系。

其中，重庆市低碳交通运输体系建设的 12 个试点项目分别是：靠港船舶岸电系统示范、公交与轨道交通接驳线路应用、新能源汽车应用、模拟驾驶器应用、船型标准化、城市公共交通综合运营信息平台、港区智能调度系统、成渝复线高速公路低碳示范工程、重庆交通电子口岸综合信息服务系统工程、果园铁公水联运、废旧材料再生技术在国省道改造中的应用示范、长江水陆甩挂运输示范工程等。通过项目带动，低碳交通面貌逐渐呈现。

①鼓励和推进以公共交通为导向的城市交通发展模式。推动 BRT 和轨道交通建设，形成以大运量轨道交通和 BRT 为主、常规公交为辅的公共交通格局。调整优化常规公交线路，继续提高公交出行分担率。2015 年建成 3 条城市轨道交通线路，绿色出行率（公共交通、步行、自行车）达 60% 以上，2020 年基本建成覆盖全市的轨道交通网络，绿色出行率达 70% 以上。

②加强智能交通系统建设，完善交通组织与管理，提高道路畅通率。通过中心城区交通管制、单行道标识等一系列措施，适当控制私人小汽车通行，引导市民绿色出行。

③规划建设自行车道和人行步道等慢行交通系统，包括流水休闲步行系统、山体健身路径等，完善城市步行网络。

④促进节能环保型汽车的发展。完成国家"十城千辆"节能与新能源汽车示范推广试点工作，完善新能源汽车配套基础设施建设，充分发挥新能源车辆在低碳减排上的示范效应。从源头上控制高耗能、高排放车辆进入运输市场，强制淘汰部分污染严重的车辆，及时更新公交车辆。

⑤全面推行在用机动车环保检验合格标志管理，提高绿标车和黄标车发放标准。根据不同标志限制车辆行驶路段和时段，并根据城市空气质量情况作出临时性限制措施，淘汰高污染不达标车辆，控制尾气排放总量。

（四）新能源汽车项目得到快速发展

1. 重庆长安汽车积极推广应用新能源汽车

长安汽车是中国汽车行业第一阵营企业，排名行业第四位。目前，长安拥有重庆、北京、河北、江苏、江西等 5 大国内产业基地和美国等 6 个海外生产基地，先后与铃木、福特、马自达、PSA 建立战略合作关系。长安新能源汽车技术处于国内领先、国际先进水平。2000 年开始，便参加科技部"863"项目，承担混合动力、"小型纯电动轿车"、燃料电池汽车的技术研究工作。目前主要有两类新能源汽车。

一是混合动力汽车。长安建立了混合动力轿车技术平台，发明了基于复杂全工况的多系统协同整车控制技术，建立了 ISG 电机系统电磁设计优化、全数字控制与安全控制技术等。累计申请专利 159 项，主持编制国家标准 1 项，获 2010 年度中国汽车工业科技进步一等奖和 2010 年度重庆市科技进步一等奖。

二是纯电动汽车。重点开展了 7 个整车项目研发，在整车控制器、纯电动电机、电机控制器、电池包集成、电池管理系统等 5 大关键领域实现了突破，掌握了纯电动 111 项核心技术中的 70 项，开展了纯电动整车和关键零部件试验验证及整车道路试验能力建设。2011 年，长安 E30 轿车创造了中国纯电动车"带电第一撞"，并达到五星碰撞安全标准。2012 年，100 辆 E30 纯电动汽车交付北京示范运行。

截至目前，长安新能源汽车累计销售突破 900 辆，行程超过 5000 万公里，约节油 1050 吨、减排 1400 吨，是国内新能源汽车示范运行"区域最广、行业最多、数量最大"的企业。未来，长安将按照"宽谱系、大纵深、多技术"的路线模式，推进混合动力产品市场化，纯电动产品技术产业化，力争在纯电动、混合动力、Plug - in、燃料电池等方面取得突破，为建成国际一流的新能源汽车研发生产型企业，为低碳经济发展做出积极的贡献。

2. 深圳新能源汽车示范推广项目

深圳为全国首批节能与新能源汽车示范推广和私人购买新能源汽车补贴双试点城市之一。截至 2012 年 7 月底，全市示范推广各类新能源汽车共计3331 辆，其中公交大巴 2050 辆（插电式混合动力 1771 辆、纯电动 279 辆）、纯电动出租车 300 辆、燃料电池车 62 辆、公务车 20 辆、私家车 899 辆（双模711 辆、纯电动 188 辆），累计实现安全行驶里程超过 1.6 亿公里。为满足上述车辆充电需求，全市已新建充电站 62 座，其中公交充电站 57 座、社会充电站 5 座；在住宅区、社会停车场、政府物业安装交流充电桩 2600 个，已初步形成了智能充电网络体系。目前，深圳新能源汽车示范推广数量与充电设施建设规模已位居全国首位。在新能源汽车推广应用取得的主要成绩主要有以下方面：一是以公共交通为突破口，稳步推进新能源汽车示范推广工作；二是规划先行，加快充电设施网络建设；三是以创新为本，积极探索示范推广新模式。在具体工作措施上，有以下几点先进经验。

一是颁布实施了一系列政策措施。先后制订实施了《深圳市节能与新能源汽车示范推广实施方案（2009～2012 年)》和《深圳市私人购买新能源汽车补贴试点实施方案（2009～2012 年)》，制订出台了《深圳市节能与新能源汽车示范推广中央财政购车补贴资金管理办法》和《深圳市节能与新能源汽车示范推广扶持资金管理办法》，明确了新能源汽车补贴标准和范围，促进了新能源汽车的推广应用。

二是制定实施地方性充电设施标准。制定了《深圳市电动汽车充电系统技术规范》，率先在全国实施充电设施地方性技术规范，为充电设施商用化提供了通用性、安全性的标准。同时，市政府发布了《关于住宅区和社会公共停车场加装新能源汽车充电桩的通告》，明确规定在全市所有住宅区、社会公共停车场按比例分批安装新能源汽车充电桩。

三是引进充电设施特许经营模式。以特许经营方式引进了广东电网、中国普天等社会资本参与充电设施的投资运营。

四是探索电动出租车、电动公交大巴商业化运营新模式。制订了 5 年期免使用费的电动出租车牌照制度。成立了全国首家纯电动汽车出租公司。积极实施"车电分离、融资租赁、充维结合"公交大巴商业运营创新模式。既缓解了公交企业一次性支付购车款的资金压力，也解决了动力电池寿命与整车寿命不匹配问题，初步实现了新能源汽车可持续商业化运营。五是开展国际合作，拓展应用市场。在科技部指导下，深圳市与德国汉堡建立了新能源汽车相互示范合作机制。通过相互示范，促进双方在新能源汽车研究、制造、商业运营等领域开展深入合作。

综上，可以发现低碳交通建设实践有以下共性特征：一是体系化。低碳交通运输是一个体系化的概念，无论是交通运输系统的规划、建设、维护、运营、运输，还是交通工具的生产、使用、维护，乃至相关制度和技术保障措施，人们的出行方式或运输消费模式等，都需要用"低碳化"的理念予以改造和优化。二是综合性。一方面，低碳化的手段是多样的，既包含技术性减碳，也包括结构性减碳，还包括制度性减碳。另一方面，低碳化的途径是双向的，既包括"供给"或"生产"方面的减碳，也包括"需求"或"消费"层面的减碳。三是系统性。交通运输发展是力求不断"减碳"的过程。由于运输工具必须依赖能耗，除非使用洁净能源（如太阳能等），否则交通运输难以实现无碳化，只能是不断低碳化的发展过程。重视减排，尤其是运输工具的尾气排放。"节能"和"减排"都是交通运输低碳化的重要途径，要重视"节能"，更要把"减排"上升到应有的高度。

三、全面推进交通低碳转型的重点任务

长期以来，交通运输行业的能耗较大，特别是对于中国这样的人口和地域大国，交通体量较大，在全国全面构建起低碳交通运输体系有着重大现实意义。低碳交通体系构建需要按照"政府主导、行业指导、企业主体、社会参与"的总体思路，注重综合创新和加大投入，在发展任务上：一是要优先发展公共交通，完善交通路网结构和促进交通智能化；二是要重视科技支撑和应用，加快低碳型交通运输工具推广应用；三是要提高低碳交通运输管理能力，加强交通运输碳排放管理；四是要积极引导公众绿色出行，倡导交通低碳化选择风尚。

（一）优先发展公共交通，完善交通路网结构和促进交通智能化

城市规划要优先安排城市公共交通的发展空间，加快城市轨道交通、公交专用道、快速公交系统等大容量公共交通基础设施建设，加强自行车专用道和行人步道等城市慢行系统建设，增强绿色出行吸引力，建立以公共交通为主体，出租汽车、私人汽车、自行车和步行等多种交通出行方式相互补充、协调运转的城市客运体系。大力发展城际轨道交通，完善城际轨道交通网。积极拓展与快速交通相配套的智能交通管理系统，提高交通系统的服务水平和管理水平，完善公共交通的对接功能和交通应急机制，推进公路联网收费及电子不停车收费，加快实现各种交通运输方式之间的零距离换乘。推动物流业信息化、智能化发展，建立完善高效的物流网络；推进实施"绿色货运"项目，做好甩挂运输试点工作，提高货运行业管理水平和信息化程度。加强现代交通基础设施网络化建设，优化综合运输网络布局，加强全国性和区域性重要运输通道的统筹规划，强化资源的优化配置，加快形成主干线高速化、次干线快速化、支线加密化的路网结构，稳步提升路网技术等级和路面等级。优化公路客货运站场布局，建设衔接顺畅、高效便捷的公路站场服务体系，加强综合客运枢纽和物流集聚地区的货运站场建设，促进城乡交通一体化进程。

（二）重视科技支撑和应用，加快低碳型交通运输工具推广应用

一是加强绿色循环低碳交通运输科研基础能力建设。加强交通运输绿色循环低碳实验室、技术研发中心、技术服务中心等技术创新和服务体系建设。强化绿色循环低碳交通人才队伍建设，打造一支数量充足、结构合理、素质优良的绿色循环低碳交通运输专业人才队伍。二是加强绿色循环低碳交通运输技术研发。加快推进基于物联网的智能交通关键技术研发及应用、交通运输污染事故应急反应与污染控制的关键技术研究及示范等重大科技专项攻关，实现重大技术突破。大力推进交通运输能源资源节约、生态环境保护、新能源利用等领域关键技术、先进适用技术与产品研发。三是加强绿色循环低碳交通运输技术和产品推广，强化交通基础设施节能减排技术研发和推广。推进循环绿色循环低碳交通运输技术、产品、工艺的标准、计量检测、认证体系建设。积极推广应用高能效、低排放的交通运输装备、机械设备，淘汰高能耗、高排放的老旧交通运输装备、机械设备；加快推广节能与清洁能源装备，推进以天然气等清洁能源为燃料的运输装备和机械设备的应用，积极探索生物质能在交通运输装备中的应用，大力推广应用新能源汽车；积极推广应用绿色维修设备及工艺。

（三）提高低碳交通运输管理能力，加强交通运输碳排放管理

一是加快优化运力结构。严格执行营运车辆船舶燃料消耗量限值标准，加快淘汰耗能高、污染大的老旧车辆船舶。加快发展适合高等级公路的大吨位多轴重型车辆、汽车列车，以及短途集散用的轻型低耗货车。鼓励发展低能耗、低排放的大中型高档客车，大力发展适合农村客运的安全、实用、经济型客车。大力发展大容量的城市公共交通工具。优化船队吨位结构，推动海运船舶向大型化、专业化方向发展，全面推进内河航运船型标准化，扩大顶推船队规模，发展与航道技术标准相适应的大型化、标准化船舶。二是完

善绿色循环低碳交通运输法规标准。在交通基础设施设计、施工、监理等技术规范中贯彻绿色循环低碳的要求，推进行业节能减排标准规范制定。三是加强交通运输装备排放控制。严格落实交通运输装备废气净化、噪声消减、污水处理、垃圾回收等装置的安装要求，有效控制排放和污染。加强交通运输污染防治和应急处置装备的统筹配置与管理使用。强化行业碳排放监测与统计。四是完善配套体制机制。建立健全公路、水路、城市客运节能减排目标责任评价考核制度。建立交通运输绿色循环低碳发展指标体系、考核办法和激励约束机制。建立健全交通运输行业重点用能装备和机械设备燃料消耗和排放限值标准及市场准入与退出机制。完善绿色循环低碳交通运输统计监测考核体系。推进绿色循环低碳交通运输市场机制运用。

（四）积极引导公众绿色出行，倡导交通低碳化选择风尚

积极倡导公众采用公共交通、自行车和步行等绿色出行方式。合理布局公共自行车配置站点，方便公众使用，减少公众机动化出行。加强静态交通管理，推动实施差别化停车收费。倡导公众低碳出行方式，倡导低碳出行理念，通过建立交通信息平台等方式，提供低碳车辆和燃料的专业信息，帮助公众制定出行计划和提供多样化出行方式的选择。鼓励共乘交通，扶持和鼓励提供班车、校车服务。发展慢行交通，规划建设自行车道和人行步道等慢行交通系统，包括休闲步行系统、山体健身路径等，完善城市步行网络。完善公共自行车低价或免费租赁等相关制度，布局规划和建设公共自行车停放设施，加快完善异地租车还车网络。建立完善出租车电话呼叫服务系统、出租车智能调度信息平台、出租车统一停靠点等配套设施。鼓励公众购买小排量汽车和新能源车辆，倡导"少开一天车"、"绿色出行"等形式的低碳出行推广活动。鼓励加快发展物流配送服务，倡导网络购物等替代选择，减少公众机动车出行。

第五章

低碳建筑试点及推进建筑低碳化的措施

目前低碳建筑已逐渐成为国际建筑界的主流趋势，在我国表现为起步晚、发展快的特点。随着我国城镇化的快速推进，建筑事业迎来了快速发展的机遇期。在传统粗放型的城镇化发展模式中，人们很少关注建筑的碳排放问题。近年来低碳减排越来越受到全社会的关注，建筑领域的低碳也引起大家的高度重视。目前，在不少低碳试点地区和城市中，低碳建筑模式已经得到社会的赞同和认可。

一、低碳建筑的概念及我国推进政策

自 20 世纪 80 年代以来，随着建筑技术的不断升级，我国低碳建筑逐渐得到发展。但是从总体发展水平看，受技术水平和理念的双重制约，我国低碳建筑相比发达国家还较为滞后，近年来随着国家对低碳发展和节能减排的严格要求，在国家低碳政策导向和规划引导下，各地建筑领域的低碳化得到加快发展，特别是"十一五"时期以来我国建筑行业的低碳发展取得了较大进步。

（一）低碳建筑

低碳建筑是指在建筑材料制造、施工建造和建筑物使用的整个生命周期内，减少高碳能源的使用，降低二氧化碳排放量，涉及新建建筑的规划设计、施工、验收等各个环节以及建筑采暖、空调、通风、照明等多方面的能源使用[①]。低碳建筑已逐渐成为国际建筑界的主流趋势，在这种趋势下低碳建筑势必将成为中国建筑业的主流之一。事实上，中国建筑业也正在朝着这个方向前进。低碳建筑主要包括低碳材料的使用以及低碳建筑技术应用。

其中，低碳材料指能够在确保使用性能的前提下降低不可再生自然原材料的使用量，制造过程低能耗、低污染、低排放，使用寿命长，使用过程中不会产生有害物质，并可以回收再生产的新型材料。低碳建筑材料包括生态纳米乌金石、铝合金材料，还有其他的一些有色金属等。低碳材料在生产、使用全过程实现节能减排，是可持续和面向未来的材料。低碳建筑技术是指用于建造低碳建筑物的各种技术，它涉及建筑、施工、采暖、通风、空调、照明、电器、建材、热工、能源、环境、检测、计算机应用等与建筑物建造相关的方面，横跨整个建筑业及相关产业链的各个领域。建筑系统低碳技术包括能源供给系统、排放系统、建筑设备系统、通风系统、绿化系统、运行设备控制和废弃材料循环利用系统等实现低碳化运行，在实践中包括太阳能、风力发电、生物质能应用技术、地热发电、浅层低能、污水和废水热泵技术、用地控制、朝向控制、日向控制、风向利用、雨水收集处理与回用技术、低碳墙体材料应用等各方面。

（二）国家出台政策积极推进建筑低碳化

"十一五"时期以来，国家相关部门制定并出台了不少直接或间接引导建

---

① 齐晔主编：《中国低碳发展报告（2013 年）：政策执行与制度创新》，社会科学文献出版社2013 年版。

筑低碳发展的工作方案、实施意见、规划文件等，对我国快速发展的建筑业低碳发展起到了重要的引导作用，加速了传统的非低碳型建筑方式的绿色转型。

2007年5月，国务院发布《关于印发节能减排综合性工作方案的通知》（国发〔2007〕15号），其中提出"严格建筑节能管理"。要求大力推广节能省地环保型建筑。强化新建建筑执行能耗限额标准全过程监督管理，实施建筑能效专项测评，对达不到标准的建筑，不得办理开工和竣工验收备案手续，不准销售使用；所有新建商品房销售时在买卖合同等文件中要载明耗能量、节能措施等信息。建立并完善大型公共建筑节能运行监管体系。深化供热体制改革，实行供热计量收费。

2009年3月，财政部、住房和城乡建设部联合发布《关于加快推进太阳能光电建筑应用的实施意见》（财建〔2009〕128号），指出推动光电建筑应用是促进建筑节能的重要内容，是促进我国光电产业健康发展的现实需要，是落实扩内需、调结构、保增长的重要着力点；为有效缓解光电产品国内应用不足的问题，在发展初期采取示范工程的方式，实施我国"太阳能屋顶计划"，加快光电在城乡建设领域的推广应用；对示范工程国家将实施财政扶持政策，并加快完善技术标准，推进科技进步，加强能力建设，逐步提高太阳能光电建筑应用水平。

2009年7月，财政部、住房和城乡建设部联合发布《关于印发可再生能源建筑应用城市示范实施方案的通知》（财建〔2009〕305号），中央财政给予必要资金支持和引导积极推进开展城市示范，将有利于发挥地方政府的积极性和主动性，加强技术标准等配套能力建设，形成推广可再生能源建筑应用的有效模式；有助于拉动可再生能源应用市场需求，促进相关产业发展；可进一步放大政策效应，更好地推动可再生能源在建筑领域的大规模应用。

2010年2月，住房和城乡建设部建筑节能与科技司发布《关于开展住房城乡建设系统应对气候变化战略和规划研究的通知》（建科合函〔2010〕18

号)，要求调查了解住房城乡建设系统应对气候变化工作重点领域和碳排放情况，分析各重点领域对气候变化的影响以及减缓气候变化的潜力，研究住房城乡建设系统减缓和适应气候变化需解决的问题，提出住房城乡建设系统应对气候变化对策建议；研究内容包括十个重点领域，即建筑业及相关产业（包括建筑施工、住宅产业、相关的建材业）、建筑节能与绿色建筑、可再生能源建筑应用、城镇供热、城市燃气、城镇供排水（包括中水回用和污泥处理）、城市生活垃圾、园林绿化、村镇建设、城市公共交通等。

2011 年 8 月国家住房和城乡建设部发布《建筑业"十二五"发展规划》，强调推进建筑节能减排。一是要严格履行节能减排责任。政府部门要认真履行建筑执行节能标准的监管责任，着力抓好设计、施工阶段执行节能标准的监管和稽查。各类企业应当自觉履行节能减排社会责任，严格执行国家、地方的各项节能减排标准，确保节能减排标准落实到位。二是鼓励采用先进的节能减排技术和材料。建立有利于建筑业低碳发展的激励机制，鼓励先进成熟的节能减排技术、工艺、工法、产品向工程建设标准、应用转化，降低碳排放量大的建材产品使用，逐步提高高强度、高性能建材使用比例。推动建筑垃圾有效处理和再利用，控制建筑过程噪声、水污染，降低建筑物建造过程对环境的不良影响。开展绿色施工示范工程等节能减排技术集成项目试点，全面建立房屋建筑的绿色标识制度。

2012 年 5 月，依据《中华人民共和国节约能源法》、《中华人民共和国可再生能源法》、《民用建筑节能条例》等法律法规要求，根据《国民经济和社会发展第十二个五年规划纲要》、《可再生能源中长期发展规划》、《"十二五"节能减排综合性工作方案》等规划计划，以及国务院批准的住房和城乡建设部"三定"方案和住房和城乡建设部"十二五"发展规划编制工作安排，住房和城乡建设部建筑节能与科技司制定了《"十二五"建筑节能专项规划》，明确指出推行低碳节能建筑的重点任务包括九个方面：一是提高能效，抓好新建建筑节能监管；二是扎实推进既有居住建筑节能改造；三是深入开展大型公共建筑节能监管和高耗能建筑节能改造；四是加快可再生能源建筑领域规模化应用；五是大力推动绿色建筑发展，实现绿色建筑普及化；六是积极探索，推进农村建筑节能；七是积极促进新型材料推广应用；八是推动建筑工业化和住宅产业化；九是推广绿色照明应用。

2013 年 1 月，国务院办公厅关于转发发展改革委、住房城乡建设部《绿色建筑行动方案的通知》（国办发〔2013〕1 号），指出主要目标：一是城镇新建建筑严格落实强制性节能标准，"十二五"期间完成新建绿色建筑 10 亿平方米，到 2015 年末 20% 的城镇新建建筑达到绿色建筑标准要求；二是对既有建筑节能改造，"十二五"期间完成北方采暖地区既有居住建筑供热计量和节能改造 4 亿平方米以上，夏热冬冷地区既有居住建筑节能改造 5000 万平方米，公共建筑和公共机构办公建筑节能改造 1.2 亿平方米，实施农村危房改造节能示范 40 万套，到 2020 年末基本完成北方采暖地区有改造价值的城镇居住建筑节能改造。同时，明确了重点任务，包括切实抓好新建建筑节能工作、大力推进既有建筑节能改造、开展城镇供热系统改造、推进可再生能源建筑规模化应用、加强公共建筑节能管理、加快绿色建筑相关技术研发推广、大力发展绿色建材、推动建筑工业化、严格建筑拆除管理程序和推进建筑废弃物资源化利用。

二、我国低碳建筑发展领域的经典模式

从低碳试点城市和地区低碳建筑发展情况看，低碳建筑理念基本都在普遍推广逐渐深入人心，新建的建筑物都不同程度运用现代的低碳建筑材料，充分应用低碳设计理念，促进实现建筑体内节能减排。虽然，大规模的有亮点的低碳建筑群目前还不多，但是也有不少低碳建筑项目值得介绍和经验总结。

（一）秦皇岛市：推广绿色建筑、建设低碳家园

2012 年 11 月，秦皇岛被评为国家第二批低碳试点城市。绿色建筑是低碳和生态文明建设的重要内容。对秦皇岛来说，大力发展绿色建筑，是擦亮低碳和生态环境品牌，打造集约高效的生产空间、宜居适度的生活空间、山清水秀的生态空间的战略之举。近年来，坚持政府主导、市场运作、试点先行、有序推进，在绿色建筑方面进行了有益探索，取得了阶段性成果。全市新建建筑节能强制性标准执行率达到100%，北戴河新区被列为全国唯一的绿色节能建筑示范区，国内第一座低能耗被动式住宅在秦皇岛市率先建成。具体来说，按照低碳发展、绿色先行的总体要求，发展绿色建筑着力开展以下三方面工作。

1. 坚持政府推动、政策先行，构筑良好的制度环境

一是强化政策引导。制定出台了"1＋1＋8"管理和技术体系（即《关于大力推进绿色建筑发展的实施意见》、《绿色建筑管理办法》和《秦皇岛市项目可行性研究报告绿色建筑专篇指南与评审要点》、《秦皇岛市土地出让绿色控制指标确定指引》、《秦皇岛市建设用地规划绿色建筑控制指标确定指引》、《秦皇岛市建筑方案设计招标文件绿色技术要求编制指南与评审要点》、《秦皇岛市绿色建筑设计要求和审查指南》、《秦皇岛市绿色施工技术导则和评价方法》、《秦皇岛市绿色施工监理指引》、《秦皇岛市建设工程绿色建筑竣工验收要点》8 个配套文件）。"1＋1＋8"管理和技术体系的制定，标志着秦皇岛市绿色建筑管理框架从此确立。

二是成立了推进绿色建筑工作领导小组，明确各部门职责。"十二五"期间，建立完善绿色建筑建设及评价的监管体系、政策激励体系、技术标准体系和咨询服务体系，形成完备有效的绿色建筑发展推广机制。计划到 2015年，全市行政区域内所有履行基本建设程序的新建建筑按照绿色建筑一星级及以上标准进行规划、设计、建设和管理，其中二星级及以上绿色建筑面积

占全市绿色建筑总面积的比例达到30%以上。

三是加大资金扶持。市财政部门统筹安排绿色建筑专项资金，重点用于绿色建筑发展研究、宣传培训、技术与产品的研发和对二星级及以上绿色建筑的奖励。对高星级绿色建筑给予市级财政奖励，奖励标准为：二星级绿色建筑20元/平方米，三星级绿色建筑40元/平方米。奖励标准可根据技术进步、成本变化等情况进行调整。鼓励县、区（秦皇岛经济技术开发区、北戴河新区）开展绿色生态城区建设。改进和完善对绿色建筑的金融服务，金融机构可对购买绿色住宅的消费者在购房贷款利率上给予适当优惠。

四是加大项目审查力度。增加绿色建筑专项审查，加强项目全过程监管。发改部门在项目立项和可行性研究报告评审中督促落实绿色建筑内容；国土资源部门在土地出让方面加大监管力度；城乡规划部门在项目规划设计方面加大审查力度，将绿色建筑相关指标列入建设工程规划条件。城乡建设部门在施工图设计联审阶段进行绿色建筑专项审查，未通过审查的不予颁发建设工程规划许可证和建设工程施工许可证。同时在工程施工阶段加强监管，确保按图施工。房产管理和城市管理部门在建筑运营和拆除阶段分别做好监督管理。

五是强化能力建设。建立绿色建筑评价标识专家队伍，严格评价监管。加强对建筑规划、设计、施工、监管、运营等人员的培训，开展绿色建筑规划与设计竞赛，"走出去，请进来"，组织交流合作，借鉴先进经验。积极探索发展与建筑节能服务相关的技术、融资、信息、人才、管理等方面的中介组织，培育绿色建筑服务咨询机构，扶持绿色建筑服务业的发展。

2. 坚持示范带动、点面结合，形成有序的发展格局

一是努力打造最高标准的示范区。以推进北戴河新区转型发展为路径，利用5～10年的时间，将北戴河新区建设成为展示中国绿色建筑、生态产业发展水平的最佳窗口；融汇交流国内外建设新理念、新技术、新成果的最佳平台；发展循环经济、建设环境友好型社会的最佳阵地；人与自然和谐相处、

人文与生态交相辉映、历史肌理与现代魅力共存的最佳样板，创建国家级绿色节能建筑示范区，打造成为国际高端旅游度假休闲目的地。

二是精心打造最高标准绿色示范项目。①"在水一方"绿色示范小区项目。按照"自然生态、节能环保、安全便捷、健康舒适"的理念进行设计建造。2007年被列为"建设部建筑节能试点示范工程"、"可再生能源建筑应用示范工程"和河北省"城镇水土保持雨水利用试点工程"；2009年被建设部与美国能源基金会共同评为"绿色建筑和低能耗建筑十佳设计项目"；目前是河北省唯一的运营阶段二星级项目。该项目主要技术特点：一是太阳能应用。将太阳能热水系统与高层建筑完美结合，为居民全天提供热水；小区地下车库采用光导照明；部分路灯采用太阳能发电。每年可节电590万度。二是循环水应用。建有一座日处理量2000立方米的中水处理站，回收居民生活废水、污水，处理后用于住户的冲厕和小区的绿化等，每年节水28.8万吨。还设置了雨水收集系统，通过人工湖、渗水砖、停车场植草砖、下凹式绿地等方法进行雨水收集，全年收集雨水3万立方米，用于景观和绿化。②秦皇岛经济技术开发区数谷大厦项目。该工程于2011年6月获得国家级绿色建筑二星级设计标识，其主要应用技术包括：一是排风热回收系统；二是光伏发电系统；三是地源热泵空调系统；四是非传统水源利用；五是室内空气质量监测系统；六是绿色照明；七是地下室自然采光；八是智能中控系统。③北戴河新区戴河首领项目。该项目在规划阶段本着保护林木，恢复沿海生态的原则，在不占耕地并保持原有林地、沼泽地、沙山地貌的前提下，植草355亩，修整沼泽地和湖泊84亩。已建成的五星级黄金假日酒店按照绿色建筑二星级标准建设，采用了多项节能技术：一是海水源热泵供热、制冷技术；二是太阳能光热建筑一体化技术；三是低辐射镀膜中空技术；四是绿色墙体保温技术；五是采用合理的建设标准和安全系数，对建筑物的高度、体积、结构形态进行了严格要求，建设过程中尽量采用可再生原料生产的或可循环再利用的建筑材料，避免过度装修，减少不可再生材料的使用率，提高材料利用率，节约材料用量。

3. 坚持宣传促动、多维引导，营造浓厚的社会氛围

一是明确宣传对象。将绿色建筑宣传重点放在建筑市场的两个主体，即建设者和消费者特别是消费者上，以消费者的积极性带动建设者的积极性。积极引导开发企业转变观念，提高认识，调动市场主体积极性，为绿色建筑发展开局起步。截至2013年9月，已有获得绿色建筑星级评价标识项目4项，总建筑面积98.9万平方米，获得省级绿色建筑示范项目3项，省级"十佳绿色建筑"和"十佳绿色小区"项目3项，累计获得奖励资金146万元，其中"在水一方A区"住宅小区是河北省唯一的运营阶段二星级绿色建筑。已经形成了以万科绿色体验馆、"在水一方"低能耗被动房、数谷大厦绿色公共建筑为代表的宣传阵地，发挥了良好的宣传示范作用。二是注重宣传普及。采取多种形式积极宣传绿色建筑法律法规、政策理论、技术知识、典型案例、先进经验，提高公众对绿色建筑的认知度，倡导绿色消费理念，普及节能知识，营造推进绿色建筑发展的良好氛围，为绿色建筑的推广创造条件。今后，在工作层面上，已明确：将以创建低碳试点城市为契机，学习先进经验，认真贯彻国家和省各项低碳要求，抓政策、优环境，抓典型、带全面，抓市场、兴产业，抓宣传、重引导，不断提高全市绿色建筑工作水平，为构建"绿色港城、低碳家园"奠定坚实基础。

北戴河新区作为国家级绿色节能建筑示范区，按照2013年9月份国家住建部与河北省签署的《关于共建北戴河新区国家级绿色节能建筑示范区合作框架协议》，北戴河新区将以绿色节能建筑为重点和特色，积极探索生态城市和绿色节能建筑示范区的规划建设模式，打造成为滨海休闲旅游度假胜地和生态宜居新区，成为展示中国绿色建筑、生态产业发展水平的最佳窗口；融汇国内外建设新理念、新技术、新成果的最佳平台；发展循环经济、建设环境友好型社会的最佳阵地；人与自然和谐相处、人文与生态辉映相融、历史肌理与现代魅力并生共存的最佳样板。显然，国家级绿色

节能建筑示范区的概念不仅仅停留在建筑上，还包括绿色市政、绿色交通、智慧化管理等内容。按照规划要求，北戴河新区将加快污水、垃圾处理设施建设，确保实现集中化、无害化处理，减少污染排放，同时充分利用地热能、太阳能、海洋能等可再生能源，合理利用农林废弃物、农业沼气等生物质能，充分利用雨水、再生水、海水淡化水等非常规水源，实现水资源的优化配置和循环利用。

（二）重庆江北城区 CBD 江水源热泵

重庆市江北嘴水源空调有限公司以"节能减排，提高全新城市生活品质"为经营理念，实施江北城 CBD 区域江水源热泵集中供冷供热项目。该项目采用区域能源服务系统，夏季供冷方案采用电制冷＋江水源热泵＋冰蓄冷的形式，冬季供热方案采用江水源热泵的形式。

该项目有十分明显的节能环保优势，实行这项新技术较常规能源系统可以减少电力设备装机容量 52009KW，减少机房建筑面积 2.307 万 m^2，减少年运行费用 2155 万元。取消了冷却塔可以节约用水量 148.45 万 m^3，取消了燃气锅炉冬季约能减少 CO_2 排放量 14383.5 吨，约减少粉尘排放量 9994Kg。夏季可减少 26198131KW·H 电量，按照现有发电厂发电耗煤计算，节约的电量折合成标煤可节约用煤 10479 吨，节约用水 10.48 万 m^3，减少 CO_2 排放 26120 吨，减少 SO_2 排放 786 吨，减少粉尘排放 7126 吨，减少 NO_x 排放 393 吨。

建成后的江北嘴 CBD 区域，因采用江水源热泵集中供冷供热系统，将不再有冷却塔噪音，不再有飘雾，不再有传统空调的热排放问题。夏季区域环境温度预计比一江之隔的解放碑中央商务区低约 3℃，将极大提高江北嘴中央商务区的城市生活品质，并为未来的长江上游地区的经济中心锦上添花。

表 5－1   重庆江北城区 CBD 江水源热泵的特点

序号	特点	描述
1	减少能源消耗	集中选用大型优质设备，规模化、专业化安装，避免单体建筑采用中小型空调设备效率低、质量参差不齐的问题；区域供冷系统比各建筑单独设置中央空调节能 20% 以上
2	减少污染、保护环境	使用新兴环保能源生产技术，耗电减少，减少碳排放
3	节约系统初投资	装机容量下降；占地面积下降；维护费和人力成本下降
4	改善居住环境	建筑内无能源机房、冷却塔，减少噪音；减弱热岛效应；减少室外空调设置的噪音影响；减少冷却塔的漂水损失
5	维护质量高	能源提供方（管理公司）统一维护，无需用户自己维护系统
6	系统可靠性强	根据欧洲经验，区域保冷可靠性 99.9% 以上

（三）沈阳远大集团：光伏一体化建筑外皮技术应用

光伏一体化建筑外皮是将光伏发电技术集成到建筑外皮的可再生能源应用技术，即"光伏建筑一体化"（BIPV）的应用形式，将太阳能光伏发电方阵与建筑的围护结构进行一体化设计应用。一方面，光伏发电组件作为建筑外皮的功能构件，实现维护结构的抗风、防雨、保温、遮阳、装饰等建筑功能的同时，利用太阳能发电，为建筑提供电力或并网发电；另一方，面幕墙框架作为光伏发电组件的支撑结构，在承受光伏组件传递的各项应用荷载、确保结构安全的同时，兼顾光电系统布线、电气安全、设施安装。光伏建筑一体化是涉及建筑、电气、材料、机械等多领域的应用集成技术，在建筑上的应用形式包括光伏幕墙、光伏采光顶、光伏遮阳构件等。光伏建筑一体化具有以下一些优势：一是建筑物能为光伏系统提供足够的面积，不需要另占土地，直接利用幕墙的支撑结构，节省材料费，不会重复建设；二是太阳能电池是固态半导体器件，发电时无转动部件、无噪声，对环境不造成污染，杜绝了由一般化石燃料发电所带来的严重空气污染；三是可就地发电、就地使用，减少电力输送过程的费用和能耗，省去输电费用；四是自发自用，有削峰的作用，带储能可以用作备用电源；五是分散发电，避免传输和分电损失，降低输电和分电投资和维修成本；六是使建筑物的外观更有魅力；七是因日照强时恰好是用电高峰期，BIPV 系统除可以保证自身建筑内用电外，在一定条件下还可能向电网供电，舒缓了高峰电力需求，解决了电网峰谷供需矛盾，具有极大的社会效益。

可见，该项技术通过清洁能源利用促进实现低碳节能，是降低温室效应、应对全球气候变化在建筑领域的又一创新措施。在我国，特别是在建筑领域，低碳节能、清洁能源利用的潜力巨大，可用于屋顶、立面（幕墙、遮阳装置等）。光伏一体化建筑外皮技术，将低碳节能、清洁能源利用技术集成应用，一方面将对我国实现"十二五"规划的减排目标做出重要贡献，另一方面也对提振我国光伏产业、促进经济发展具有重要意义。沈阳远大集团近年来在市场上相继实施了一批光伏建筑一体化示范项目（见表 5 - 2），累计装机容量3.5MW，实施形式包括框架式光电幕墙、单元式光电幕墙、百叶式光电采光顶等，其中，无锡尚能研发大楼及康乐中心减排实现 240 吨标准煤/年，沈阳中街恒隆广场减排实现 70 吨标准煤/年。经实际验证，均取得了良好的运行效果，起到了优异的示范作用。

表 5 - 2　远大集团近期实施的光伏一体化建筑外皮示范应用一览表

序号	工程名称	项目地点	装机容量	组件种类	结构形式
1	无锡尚能研发大楼及康乐中心	无锡	710KW	多晶硅	框架式光电幕墙
2	沈阳中街恒隆广场	沈阳	145.2KW	单晶硅	百叶式光电采光顶
3	上海越洋国际广场	上海	19.8KW	多晶硅	单元式光电幕墙
4	美国盛世公园 LEGACY	美国	7.33kW	单晶硅	单元式光电幕墙
5	上海世博园主题馆	上海	2.57MW	多晶硅	单元式光电幕墙

（四）保定电谷锦江国际酒店：光伏建筑一体化＋污水源热泵系统

电谷锦江国际酒店位于保定—中国电谷的核心地带，于 2008 年 10 月投入使用，是英利集团投资建设、由锦江国际酒店管理公司托管的五星级酒店，也是保定市第一家集接待、娱乐、餐饮、会展、国际会议交流于一体的综合性的国际商务五星级酒店，是国家新能源与能源设备产业基地及中国电谷的标志性建筑。

该酒店具备两大特色：一是光伏建筑一体化。电谷锦江国际酒店是中国首座利用太阳能光伏玻璃幕墙与建筑相结合的建筑，将太阳能光伏玻璃幕墙融入整体设计之中。太阳能玻璃幕墙的优点是：遮阳，环保，节能，隔音，美化建筑，具有良好的透光率，产生电能，降低工作及管理成本，结构牢固。这座高 26 层的酒店南立面、西立面、大门上方的挡雨棚等 9 个区域共安装了 3300 多块太阳能玻璃幕墙，幕墙总投资 1852 万元，面积 4490 平方米，装机容量 300 千瓦，年发电量 26 万千瓦时，所发电量直接并入国家电网，全年可节约 105 吨标准煤。酒店的设计理念定义为"金属与玻璃的时装"，整个设计充分吸纳了国际时尚、高品质的现代设计元素，在建筑中融入绿色元素，实现了太阳能并网发电与建筑的完美结合，代表了中国光伏建筑业的发展方向，成为国内光伏发电建筑的样板工程，对全国建筑节能技术的推广起到了良好的示范作用。二是采用了污水源热泵系统。酒店不仅在太阳能发电功能上独树一帜，在能源综合利用上也堪称典范。酒店的供热与制冷均采用污水源热泵技术，循环利用城市排放的污水，充分体现了"绿色、环保、节能"的理念。同时，省略了制冷机房和冷冻水泵间，节省了商业用地费。中水的费用远远低于地表水，同时采用水源热泵，不会燃烧矿物能源，减少了有害气体污染。由于采用水源换热，换热效率高，冷凝温度大大下降，比一般空调设备节能 40% ~60% 。

可见，作为中国首座太阳能并网发电的环保酒店——电谷国际锦江酒店，与"中国电谷"遥相呼应，成为光伏与建筑一体化领域的一道靓丽风景，成为今日保定市的一张新名片，对我国节能减排、发展低碳经济具有重大的示范作用。

三、城镇化进程中推进建筑低碳化的重点措施

在我国快速城镇化进程中，大力推进低碳建筑，对于未来碳减排任务完成具有重大的现实意义。其中重点要突出以下几方面工作：一是进一步完善低碳建筑标准体系；二是加快低碳建筑技术的研发和推广；三是持续加强低碳建筑的综合监管；四是通过政策鼓励，推进新老建筑全面低碳化。

（一）加快完善低碳建筑标准体系

针对住宅、农村建筑、公共建筑、工业建筑等不同类型建筑，分别制修订相关工程建设节能标准，包括《居住建筑节能设计标准》、《建筑节能气象参数标准》、《既有居住建筑节能改造技术规程》、《夏热冬暖地区居住建筑节能设计标准》等，在设计、施工、运行管理等环节落实建筑节能要求。完善可再生能源建筑应用技术指南、标准和关键设备可靠性适用性评估标准。加快制定政府办公建筑和大型公共建筑能耗限额标准。研究制定基于实际用能状况，覆盖不同气候、不同类型建筑的建筑能耗限额。制定绿色建筑强制性标准，编制绿色建筑区域规划建设指标体系、技术导则和标准体系，制（修）订绿色建筑相关工程建设、运营管理标准和产品标准，研究制定绿色建筑工程定额，完善绿色建筑评价标准体系。制定修订一批建筑节能和绿色建筑相关产品标准，为推进建筑节能提供相关产品技术支撑。各级政府制定建筑节能和绿色建筑的相关技术标准、导则和实施细则。

（二）重视低碳建筑技术研发和推广

国家科技研发层面，积极鼓励相关主体开展对绿色建筑、建筑节能的技术研究，实现绿色建筑设计、建造、评价和改造的一条龙技术服务支撑，建

设综合性技术服务平台，建立以实际建筑能耗数据为导向的建筑节能技术支撑体系。加快建筑节能与绿色建筑共性和关键技术研发，重点攻克绿色建筑规划与设计、既有建筑节能改造、可再生能源建筑应用、节水与水资源综合利用、废弃物资源化、环境质量控制等方面的技术，加强绿色建筑技术标准规范研究，开展绿色建筑技术的集成示范。开发具有自主知识产权的关键技术、产品和设备，实现重点技术领域的突破，建立完整的技术支撑体系。依托高等院校、科研机构等，建立产学研联合模式与机制，加快国家绿色建筑工程技术中心建设。定期编制和更新建筑节能与绿色建筑重点技术推广目录，发布技术、产品推广、限制和禁止使用目录。推进全方位、多层次、宽领域的国际合作，学习借鉴国际先进经验，建立适合国情的建筑节能和绿色建筑的技术发展模式。在技术研发的基础上，推行技术的实际应用，积极鼓励和引导企业开发新型低碳建筑材料，在建筑行业极力推广应用。引导和规范科研院所、相关行业协会和中介服务机构开展绿色建筑技术研发、咨询、检测等各方面的专业服务。

（三）不断加强低碳建筑综合监管

充分利用市场机制，大力推进体制机制创新，形成政府推动、社会力量广泛参与的工作局面。一是加强建筑节能工程全过程的质量监管，加强安全控制，强化对保温材料、计量器具、关键设备、门窗等关键材料产品的质量管理，确保工程质量。二是加强建筑节能服务市场监管，制定建筑节能服务市场监督管理办法、服务质量标准以及公共建筑合同管理文本。在节能改造明显的领域，鼓励采用合同能源管理的方式进行改造，对投资回收期长的基础改造及难以有效实现节能收益分项的领域，要通过财政资金补助的方式推进改造工作。三是延伸建筑节能和绿色建筑的监管，包括前移新建建筑监管关口，在城市规划和建筑项目立项审查中增加对建筑节能和绿色生态指标的审查内容；将新建建筑监管扩展到装修、报废和回收利用阶段，推行绿色建筑的项目实行精装修制度，建立建筑报废审批制度。四是创新绿色建筑的监管模式。建立绿色施工许可制度，实行民用建筑绿色信息公示制度，加大绿色建筑评价标识实施力度，完善绿色建筑评价标准体系，鼓励各地区制定适合本地区的绿色建筑评价标识指南，建立绿色建筑全寿命周期各环节资格认证制度。五是加快形成建筑节能和绿色建筑市场机制。加强建筑节能服务体系建设，以国家机关办公建筑和大型公共建筑的节能运行管理与改造、建设节约型校园和宾馆饭店为突破口，拉动需求、激活市场、培育市场主体服务能力。加快推行合同能源管理，规范能源服务行为，利用国家资金重点支持专业化节能服务公司为用户提供节能诊断、设计、融资、改造、运行管理一条龙服务，为国家机关办公楼、大型公共建筑、公共设施和学校实施节能改造。研究推进建筑能效交易试点。

（四）强化政策鼓励推进新老建筑全面低碳化

一是加大中央预算类投资和中央财政节能减排专项资金支持建筑节能和绿色建筑的力度，完善中央财政激励政策体系，设立建筑节能和绿色建筑发展专项资金，重点支持绿色建筑工程及集中示范城（区）建设、既有建筑节能改造、政府办公建筑和大型公共建筑节能监管体系建设、可再生能源建筑应用、供热系统节能改造、墙体材料革新、技术创新、基础能力建设等。地方财政配套资金标准不得少于中央财政补贴标准。二是加大既有居住建筑节能改造支持力度。对工作积极性高，前期任务完成好的地区，优先安排供热计量及节能改造任务和中央财政奖励资金。对节能改造重点地区，优先安排节能改造任务和补助资金。三是加大公共建筑节能监管体系建设和改造支持力度。中央财政支持有条件的地方建设公共建筑能耗监测平台和高校节能监管平台、支持重点城市公共建筑和高校等重点公共建筑进行节能改造。四是加大可再生能源建筑应用推广支持力度。中央财政将优先在重点区域内推广示范城市、示范县，继续给予可再生能源建筑应用示范城市、示范县补贴。

支持可再生能源建筑应用重大共性关键技术、产品、设备的研发及产业化。按研发及产业化实际投入的一定比例对相关企业及科研单位等予以补助，并支持可再生能源建筑应用产品、设备性能检测机构、建筑应用效果检测评估机构等公共服务平台建设。五是加大绿色建筑规模化推广应用的支持力度。重点支持绿色建筑工程及绿色生态城区建设。对达到国家绿色建筑评价标准二星级及以上的建筑给予财政资金奖励。金融机构可对购买绿色住宅的消费者在购房贷款利率上给予适当优惠。六是建立多元化的资金筹措机制。把既有居住建筑节能改造、公共建筑节能监管和改造、可再生能源建筑规模化应用、绿色建筑作为节能减排资金安排的重点，建立稳定、持续的财政资金投入机制，创新财政资金使用方式，放大资金使用效率。

第六章

碳权交易试点的有益探索及几点思考

自 2002 年《京都议定书》签订以来，中国一直与世界各国一道，在气候变化领域履行着大国的义务。2009 年，中国郑重承诺到 2020 年单位 GDP 二氧化碳排放量将在 2005 年基础上减少 40% ~ 45%，标志着我国已进入碳约束时代。为此，"十二五"规划中突出体现了低碳绿色发展的理念，并确定 2015 年单位 GDP 二氧化碳排放总量比 2005 年降低 17% 的目标，同时还提出将"逐步建立碳排放交易市场"，开启了我国碳交易[①]的序幕。目前，中国在逐步建立起全国性的碳排放权交易市场，试点城市的碳交易逐步进入实际操作阶段，全国已经有多家企业被纳入试点。2012 年 9 月 11 日，广州碳排放权交易所在广州联合交易园区正式揭牌，当日中国首例碳排放权配额交易在广州碳排放交易所完成。2013 年 11 月 26 日，上海环境能源交易所正式启动碳排放交易，为全国碳市场元年开启新的篇章。不过，目前我国的碳权交易市场处于初步探索建设阶段，配套的体制机制和政策尚不完善，今后各项工作可谓任重道远。

---

① 根据《中国低碳年鉴 2010》第 1004 页："碳交易"是低碳经济的市场化机制，就是通过交易购买排放权，使排放权成为一个商品也就是购买合同或者碳减排购买协议，基本原理是：合同的一方通过支付另一方获得温室气体减排额。买方可以将购得的减排额用于减缓温室效应从而实现减排的目标。碳交易有两大类：第一类是基于配额的交易，买方在"限量与贸易"体制下购买由管理者制定、分配（或拍卖）的减排配额，例如《京都议定书》下的分配数量单位，或者欧盟排放交易体系下的欧盟配额；第二类基于项目的交易，买主向可证实减低温室气体排放的项目购买减排额，最典型的此类交易为 CDM 以及联合履行机制下分别产生核证减排量和减排单位。

一、国家政策推动和试点地区积极响应

随着资源环境约束力的不断加强，通过市场化机制推进环境保护的一个重要手段，就是排污权交易。近年来，国家和地方政府从排污权交易到碳排放交易的探索与推进试点方面均做了大量的推动工作。在各方的共同努力下，2008年8月，全国首家环境权益交易机构北京环境交易所和上海环境能源交易所在北京和上海两地同时挂牌成立；同年9月25日，天津排放权交易所成立；当年11月10日，在浙江嘉兴挂牌成立了首个排污权交易中心。随着全国环境交易所、排放权交易所、排污权交易所的先后成立，拉开了我国排污交易的大序幕。

自2009年以来，发展改革委就启动了国家自愿碳交易行为的规范文件的研究和起草工作。2011年初，《中国温室气体自愿减排交易活动管理办法（暂行）》已完成初稿，之后正式进入征求意见、相关部门协调和履行报批手续阶段。该办法将规范我国温室气体自愿减排交易活动，保证自愿减排市场的公开、公正和透明，提高企业参与减缓气候变化行动的积极性。相关交易活动将是基于项目级的自愿减排交易，交易的需求主要基于企业履行社会责任的动机或为将来应对强制性碳交易做准备。全国自愿交易试点将建设和实践国家级碳市场的完整交易框架，包括交易流程框架，监管框架和技术支撑体系，并同时培育了市场参与方，为建立全国交易市场积累经验。

2010年12月，国家外汇管理局综合司发布《关于办理二氧化碳减排量等环境权益跨境交易有关外汇业务问题的通知》，旨在促进贸易投资便利化，规范二氧化碳减排量等环境权益跨境交易所涉收付款业务。《通知》指出，二氧化碳减排量等环境权益跨境交易是指境内机构向境外机构出售或购买二氧化碳减排量等环境权益的跨境交易行为，并对在清洁发展机制项目项下以及在自愿减排项目项下的二氧化碳跨境交易行为的审核业务做了明确要求。

2011年10月，发展改革委办公厅发布《关于开展碳排放权交易试点工作的通知》（发改办气候〔2011〕2601号），确定在北京市、天津市、上海市、重庆市、湖北省、广东省及深圳市开展碳排放权交易试点，推进建立国内碳排放交易市场，推动运用市场机制实现2020年中国控制温室气体排放行动目标。通知要求，各试点地区加强组织领导，建立专职队伍，安排试点工作专项资金，抓紧组织编制碳排放权交易试点实施方案，明确总体思路、工作目标、主要任务、保障措施及进度安排。着手研究制定碳排放权交易试点管理办法，明确试点的基本规则。测算并确定本地区温室气体排放总量控制目标，研究制定温室气体排放指标分配方案。建立本地区碳排放权交易监管体系和登记注册系统，培育和建设交易平台，做好碳排放权交易试点支撑体系建设。随后，北京市、上海市、广东省分别在2012年3月、8月和9月启动碳排放权交易试点。目前，北京将碳交易的门槛设到排放二氧化碳1万吨以上的部分行业企业，首钢、北京能源投资集团等大的企业集团将在此范围。上海分高耗能企业和服务业两个门槛，钢铁、石化化工、有色、电力、建材、纺织、造纸、橡胶、化纤等年二氧化碳排放量2万吨及以上的重点排放企业，以及年二氧化碳排放量达1万吨及以上的航空、港口、机场、铁路、商业、宾馆、金融等服务行业的共计200家企业。广东省设计排放2万吨二氧化碳或耗能1万吨标准煤以上的企业，将纳入碳排放交易主体，纳入交易试点的企业在200多家。

二、推进碳权交易市场与平台启动

为有效推进碳排放权交易，就是要加快搭建碳排放交易平台、建立起碳权交易的市场机制，目前试点地区已经积极启动相关工作。

（一）广东碳排放权交易市场率先启动

2012 年 9 月 7 日，广东省人民政府发布《关于印发广东省碳排放权交易试点工作实施方案的通知》（粤府函〔2012〕264 号）。根据推进方案，一是提出通过建立电子化信息系统，整合碳排放配额的分配、核查和交易，提高碳市场管理和运行效率，保障碳排放权交易的顺利开展；二是明确提出建立补偿机制，推动省内温室气体自愿减排交易活动，将基于项目的自愿减排量，特别是森林碳汇纳入碳排放权交易体系；三是提出将积极探索与其他地区开展省际碳排放权交易机制；四是将不同行业更多企业纳入交易体系。预计到 2015 年，基本建立碳排放权在市场主体之间和地区之间合理配置的管理工作体系，初步形成适应广东省情、制度健全、管理规范、运作良好的碳排放权交易机制和在全国有重要地位的区域碳排放权交易市场；到 2020 年，广东省内碳排放权交易机制不断成熟完善，省际碳排放权交易机制基本建立。

总体上看，广东省行业较为齐全，企业数量众多，不同行业、企业的减排成本差别很大，碳交易具备了良好的先天条件。2012 年 9 月 11 日，广东省碳排放权一级市场正式启动，这意味着广东碳排放权交易机制设计上有了实际进展，继而进一步确定碳排放权的总量、企业初始配额分配和交易机制等。在界定碳排放交易主体方面，排放 1 万吨二氧化碳或耗能 5000 吨标准煤以上的企业，纳入报告范围；排放 2 万吨二氧化碳或耗能 1 万吨标准煤以上的企业，纳入碳排放交易主体，主要涉及电力、水泥、钢铁、陶瓷、石化、纺织、有色、塑料、造纸等九大行业，下一步还将考虑纳入交通、建筑行业。

（二）广州碳排放权交易所

广州碳排放权交易所由广州交易所集团独资成立，致力于搭建"立足广东、服务全国、面向世界"的第三方公共交易服务平台，为企业进行碳排放权交易、排污权交易提供规范的、具有信用保证的服务。广州碳排放权交易所作为全国第一家，也是目前国内唯一一家以"碳排放权"命名的交易机构，将依法开展碳排放权、自愿减排量、碳汇、节能减排技术和节能量交易；提供二氧化硫、化学需氧量和氮氧化物等主要污染物排放权交易服务及相关的投融资、咨询、培训等配套服务。广州碳排放权交易所将依托广州交易所集团和广州联合交易园区的集聚和辐射功能，努力发挥市场机制在推动经济发展方式转变和经济结构调整方面的重要作用，以碳排放权和排污权交易带动广东低碳经济、环保产业的发展，推动广东产业的发展实现由"外延性"向"内生性"发展模式转变，为"加快转型升级、建设幸福广东"以及建设"低碳、智慧、幸福"广州提供支撑与动力。

（三）北京环境交易所

北京环境交易所于 2008 年 8 月 5 日成立，是经过北京市人民政府批准设立的特许经营实体，是集各类环境权交易服务为一体的专业化市场平台。业务范围：排污权交易、节能量交易、CDM 信息服务、自愿减排交易与碳中和服务、区域碳交易试点、低碳转型综合服务、低碳试点的规划和咨询服务、合同能源管理投融资交易、北京市老旧机动车淘汰更新服务等。北京环境交易所自成立以来一直积极参与其他地方交易所建设，参与发起并成立了多家地方环境交易所，形成了以北京环交所为中心，辐射全国各地的国内交易所网络。2008 ~ 2011 年，北京环交所场内共成交 CDM 项目 15 个，交易量 200万吨，国内仅有的两个"单边"CDM 项目场内交易均发生在北京环交所；自愿减排实现交易量 45 万吨，交易项目（含企业碳中和）24 个，个人购碳案例超过 20000 笔，在国内处于绝对领先的地位。主要业务平台有三个：一是排污权与节能量交易中心，包括北京市老旧机动车淘汰更新交易平台和中国合同能源管理投融资交易平台。二是碳交易中心，包括 CDM 信息服务业务、自愿减排交易与碳资产管理业务和探索开展区域碳交易试点等。三是低碳转型服务中心，包括低碳试点、低碳技术引进和投融资服务、低碳能力建设和专业培训等。2012 年 3 月 28 日，北京市正式启动碳排放权交易试点，已上报发展改革委《北京市碳排放权交易试点实施方案（2012 ~ 2015）》，目前北京市碳排放交易电子平台系统基本建成。

（四）上海环境能源交易所

上海环境能源交易所经上海市人民政府批准设立，于 2008 年 8 月 5 日挂牌，是集环境能源领域的物权、债权、股权、知识产权等权益交易服务于一体的专业化权益性资本市场服务平台。2011 年 10 月 28 日，上海环交所改制为股份有限公司并增资扩股，注册资本 2.5 亿元，成为国内首家股份制环境交易所。上海环交所的核心业务主要包括：①清洁发展机制（CDM）项目服务，包括 CDM 项目挂牌及交易、CDM 申报注册的咨询服务；②技术和产权交易，包括节能环保领域的技术专利交易、节能环保企业的产权交易；③节能减排项目服务，包括合同能源管理项目服务、其他节能减排项目服务；④开展碳交易试点；⑤自愿减排交易平台；⑥碳核算服务，包括碳核算方法研发、碳核算方法与实践、碳产品的咨询服务等；⑦南南全球环境能源交易系统。上海环交所在全国共有 9 家分支机构，主要采取合作参股或技术合作的模式。实行会员制运作，目前共有会员 115 家，其中核心驻场会员 23 家、核心会员 11 家、信息会员 81 家，会员涉及环保技术类、节能服务类、投资类、咨询类、新能源类、绿色建筑类、第三方认证机构、银行、媒体等。截至 2012 年 1 月底，上海环交所挂牌项目共 465 宗，挂牌总金额 336.43 亿元；共成交 4700 笔，成交金额 78.45 亿元，其中 CDM 项目 235 个，成交金额 56.82 亿元；自愿碳减排项目个人开户数超过 21 万户。2013 年 11 月 26 日，上海环境能源交易所正式启动碳排放交易，为全国碳市场元年开启新的篇章。当日，上海市碳排放 2013 年配额（SHEA13）、2014 年配额（SHEA14）、2015 年配额（SHEA15）分别于启动后成交，首笔成交价格依次为 27 元、26 元、25 元人民币，成交量分别为 5000 吨、4000 吨、500 吨二氧化碳①。上海环境能源交易所作为碳交易的组织者、碳市场的建设者和金融创新的推动者，未来将依托上海市场化程度高、金融业及相关服务产业集聚等优势，建设全国性碳排放交易市场和交易平台。

（五）辽宁：开展碳配额分配和交易研究，推动碳排放权交易市场建设

辽宁省作为国家首批低碳发展试点省之一，积极探索开展碳排放权配额分配机制和交易机制，加强碳排放交易支撑体系建设，推动碳排放权交易市场建设。2012 年初，辽宁省发展改革委组织省内有关方面专家开展了辽宁碳排放权分配和交易机制研究，探索运用市场化机制推动辽宁老工业基地节能增效减碳的重大制度创新，完善节能增效减碳的长效机制，为碳配额交易市场做好准备工作。开展碳排放权交易的目的就是要发挥市场机制的基础作用，以较低成本实现节能减排、低碳发展目标，推动企业自主研发低碳技术，提高辽宁低碳发展市场竞争力、打造碳金融服务业、建设东北地区碳金融市场。目前已经完成《发达国家碳排放交易机制研究》等前期课题研究工作，根据前期研究，辽宁未来纳入碳交易试点的主要包括电力、钢铁、石化、化工、有色金属、造纸、化纤、建材等行业，交易管制企业包括上述行业中 2001～2010 年平均二氧化碳排放量在 1 万吨以上的企业，其中平均二氧化碳排放大于 2 万吨的企业作为第一期强制减排企业，年均排放量小于 2 万吨的企业作为第二期强制减排企业。配额分配将以历史排放为主、行业基准为辅，兼顾行业发展阶段，适度考虑企业增长空间和先期减排行动，制定出不同行业配额分配方法。政府直接向管制企业分配碳配额，各个地级市减排总量是其管制企业的配额量总和，各地级市政府和各管制企

---

① 资料来源：上海能源交易所官方网站（http://www.cneeex.com/xwdt/jghd/383658.shtml）。

业对其排放总量负责。既保持经济快速健康发展，又达到控制区域碳排放量的政策目标。目前，辽宁省正在抓紧筹建配额跟踪系统、交易平台、碳排放报告和第三方核查机构、监管机构，同时加强自身能力建设，开展人员培训和立法等前期研究基础工作，力争在 2014 年进行碳交易体系的试运行。

三、清洁发展机制项目

清洁发展机制[①]（Clean Development Mechanism，CDM）是现存的唯一得到国际公认的碳交易机制，加快机制建设有利于推进国内碳交易平台。

（一）清洁发展机制（CDM）案例：重庆能源集团瓦斯利用和水电 CDM 项目

重庆能源集团于 2006 年经市政府批准，由原重庆市建设投资公司、重庆燃气集团、重庆煤炭集团整合组建而成，集能源投资、生产、开发利用和综合服务于一体，以煤炭、电力、燃气能源开发为主业，是重庆市最大的综合性能源投资开发和生产经营企业，其产业涉及煤炭、电力、燃气、基本建设、民爆、物流等板块。2005 年 7 月～2006 年 10 月，中梁山、南桐、天府瓦斯综合利用项目与英国益可集团分别于 2005 年 7 月、2006 年 8 月和 2006 年 10 月签订了瓦斯综合利用 CDM（清洁发展机制）购买协议，

---

① 根据《中国低碳年鉴 2010》第 1006 页：清洁发展机制，简称 CDM（Clean Development Mechanism），是《京都议定书》第十二条建立的发达国家与发展中国家合作减排温室气体的灵活机制。它允许工业化国家的投资者在发展中国家实施有利于发展中国家可持续发展的减排项目，从而减少温室气体排放量，以履行发展中国家在《京都议定书》中所承诺的限排或减排任务。CDM 项目必须满足：获得项目涉及的所有成员国的正式批准；促进项目东道国的可持续发展；在缓解气候变化方面产生实在的、可测量的、长期的效益。CDM 包括以下方面潜在项目：改善终端能源利用效率，改善供应方能源效率，可再生能源，替代燃料，农业（甲烷和氧化亚氮减排项目），工业（水泥生产等减排二氧化碳项目，减排氢氟碳化物、全氧化碳或六氟化硫项目）；碳汇项目（仅适用于造林和再造林项目）。

单价为 10 美元/吨，截至 2011 年底，共获得签发减排量 309299 吨，共获得 2000 多万元的收入。

2008～2009 年，重庆能源集团所属酉水、巴山、白果坪和蹇家湾水电 CDM 项目与美国 AES 公司签署了购买协议，价格 9.5 欧元/吨，预计 2013 年上半年完成联合国签发，预计签发减排量约 120 万～130 万吨，按照目前市场价 3 欧元计算，可获得减排收益约 2500 万元。2012 年 8 月 28 日，重庆能源集团所属中梁山、南桐、天府瓦斯综合利用项目与英国益可集团分别签署了碳减排量购买协议，期限为 2013～2018 年，年减排量约 150 万吨。能源集团所属酉水、巴山、白果坪和蹇家湾水电 CDM 项目正与多家国外机构协商 2012 年以后碳减排量购买协议。

重庆能源集团下一步的工作：一是将继续开发新的 CDM 项目。积极推进松藻瓦斯综合利用 CDM 项目的进程，松藻公司现年抽采瓦斯 2.5 亿立方米，利用 1.4 亿立方米，有较好的节能减排效果；做好集团新建煤矿（包括云南、贵州）的瓦斯综合利用项目 CDM 的申报的基础工作；做好盖下坝等水电项目 CDM 申报的基础工作。二是积极探索其他新能源合作。在重庆能源集团所属各企业与英国益可集团合作的基础上，为发挥双方各自优势，在节能减排领域及其他领域进一步深化合作，不仅体现在现有 CDM 项目上实现长期稳定的合作，而且积极探索新的温室气体减排项目（三联供、LNG、风电）的更加深入和广泛的长期合作（英国益可集团可对该等项目的适用方法学进行评议）。为此重庆能源集团与英国益可集团签订了节能减排战略合作框架协议，标志着渝能国际与英国益可集团今后在上述领域的合作正式拉开了序幕。

（二）全国建设领域首个 PCDM 机制试点项目：灌口市民中心一期工程

根据住房和城乡建设部与德国环境部联合对厦门市低碳城市规划建设、

建筑能耗统计、监管体系和管理制度等方面建设工作的考察评审，住建部确定厦门市为全国建设领域首个 PCDM（规划方案下的清洁发展机制）试点城市。该项目是以"中国新建建筑领域的碳金融机制研究"为主体，主要研究内容是以"开展规划方案下的清洁发展机制、新行业减排机制研究，建立一个国内碳交易平台，为我国新建建筑领域评估提供新的碳金融工具"。

灌口市民中心一期工程作为 PCDM 活动的第一个 CPA（清洁发展机制规划活动）项目，现已完成了项目节能优化设计及项目设计文件，并已提交审定方审定。同时已经完成用于建筑领域的规划活动认可的 PCDM 基线值和监测方法研究，完成全市 6 类节能建筑共 3000 多个项目建筑能耗的采集工作，基本确定了基准能耗参考值。灌口市民中心由厦门市灌口镇人民政府开发建设，项目位于厦门集美区灌口镇。东南侧紧邻新城大道，东北侧临近安仁大道。该建设用地面积 101105.886 平方米，总建筑面积 148768 平方米，规划建设服务中心、文化中心、体育中心三大功能部分。第一个 CPA 项目一期工程建筑面积约 2 万平方米。项目通过加强建筑遮阳、通风、隔热、智能化控制等手段实现适合厦门市气候特点的节能减排。建筑外窗采用内置活动百叶中空玻璃，外墙采用陶粒混凝土保温砌块，屋面采用 XPS 挤塑板保温系统。大楼采用智能化通风系统以加强自然通风，安装用电分项计量装置以实现能耗监测，同时配置楼宇自控系统，对冷源系统、空调机组系统、新风机组系统、通排风系统、变配电系统、照明监控系统、给排水系统、电梯监控系统等设备进行管理，实现物业管理的智能化，管理便捷，既节约人力又节约能源，提高管理效率。该项目建成后每年预期额外节能量为 6~7 千瓦时/平方米，年预期额外减排量可达 120~140 吨二氧化碳。第一个 CPA 项目（灌口市民中心）注册成功后，将结合厦门的低碳城市建设，以相同模式向各低碳示范区推广，把厦门市符合要求的建筑项目纳入 PCDM。

四、加快推进碳权交易的几点思考

碳交易在国内是一套非常复杂的运用市场化手段减少温室气体排放的政策工具，目前各方面工作已经有了不少有益的探索，但是机制建设尚不完善。尽管目前我国已经有多个城市建立了多家环境能源交易所，但交易所内真正完成的自愿碳减排交易却非常少。当前达成的自愿减排交易也仅仅是一些环保意识强的买家的个别行为，很少有来自高耗能行业企业的参与，碳交易所多处于"有场无市"。

（一）强化政策鼓励企业主动自愿参与碳交易

自愿碳交易市场是控制碳排放的一种市场化手段。为解决"有场无市"的问题，不宜采取强制性管制措施，应充分利用相关支持和优惠政策加以引导，提高企业主动参与碳交易的积极性。区分不同行业、不同地区、不同发展阶段存在的差异，循序渐进完成碳排放交易试点工作。一是建立企业自愿碳减排交易的信用累计制度，并将其作为获得一些资格或权利的重要凭证。对企业自愿进行的减排交易，建立每个企业独立的结算账户，实行交易额度的累计制度，将此作为企业申请或获得某些资格或权利的重要凭证。一方面，可以设定当这种记录累积到一定程度，可以获得在财政、金融等方面的优先权。另一方面，企业可以根据累计交易量获得抵消未来一定比例排放额度的权利。二是强化企业对未来强制碳减排的预期。在给予企业政策支持和奖励的同时，既要加快推进7个省（市）碳排放权交易试点工作，也要以更大力度宣传国家节能减排政策，特别是突出宣传国家对碳减排的重视，强化企业对未来碳管制的预期，从而增强企业主动参与碳交易的动力。三是尽力帮助参与碳交易企业塑造良好的品牌与社会形象。为了提高企业参与交易的积极性，要通过多种方式创造条件，帮助碳交易企业提升社会形象。给予碳交易企业参评荣誉称号、评优资格的优先权，可以定期发布碳减排或社会责任的排行榜，给予碳交易企业优先参评资格。充分利用官方举办的研讨会、展销会、官方媒体等多种方式，以优惠条件为参与碳交易企业提供推介机会。

（二）完善碳权交易市场和交易平台建设

目前碳交易的规范市场制度尚未建立。国内碳市场较为分散，信息透明度不够，企业交易成本较大。排污交易的个案虽然不少，但分散在各个城市和各个行业，交易往往由企业与境外买方直接去谈判，信息的透明程度不够。这种分散的不公开市场状况，使得中国企业在谈判中处于弱势地位，最终的成交价格与国际市场价格相去甚远。同时，由于缺乏公平的交易平台和畅通的信息渠道，国内企业往往在相关交易中遭受损失。因此，要加快建立全国统一的碳交易市场，特别是配额交易市场。加快制定和完善自愿碳交易市场的基础制度和管理办法，研究与制定全国统一碳交易市场的交易机制、法规政策。制定交易规则、强化交易安全监管，明确主管部门与职责，建立柔性成本控制机制并明确抵消机制的相关项目类型、分布范围、相应的标准与使用规则，建立配额储备和定期评审机制，建立履约评估、惩罚与激励机制，明确与其他交易机制的链接与合作条件与机制等。本着增强系统公平性和透明度的原则，不断规范交易结算制度，如采用保证金制度等，充分保证碳交易的无风险结算，不断完善交易结算方式，开展网络远程交易，提升交易结算效率。进一步规范碳交易综合服务平台，保障碳交易顺利进行；做好碳排放的监测、核查及认证，力促交易长期可持续开展；加强宣传，提高公众对碳交易的认知程度。

（三）扎实推进碳权交易各项配套服务工作

碳权交易不仅仅是交易双方的事情，还涉及与交易相关的多方面工作，包括管理机构、平台、监测认证等等，为此需要做好各项配套服务工作。

一是当前我国的自愿减排量登记缺乏专门机构管理，交易登记的信息也不够完整，影响了交易的进一步开展。应加快登记系统建设，完善登记注册系统的内容，应至少包括项目信息、认证信息、交易信息等内容。可以从区域性登记注册系统建设入手，逐步建立全国统一的登记注册系统。

二是充分利用电子网络，及时丰富信息系统的内容，在做好与碳交易市场直接相关的市场供求信息、竞价方式、交割状况等公开发布外，还要及时公布国内外碳排放市场的相关动态以及国家的碳减排政策等相关信息，不断提升信息服务水平。

三是对碳排放进行监测、核查以及权威认证是碳交易的重要基础。为此，需要借鉴国外的先进经验，不断提升碳排放的监测和核查水平，有针对性地攻克薄弱环节，为交易提供更加准确全面的基础数据保障。加快第三方认证机构的建设，提升认证机构的支撑能力，对减排量进行合理权威的认定和核证，保证自愿碳减排交易的顺利开展。

四是针对当前我国企业及个人，对碳交易的认知程度较低，对碳交易产品更是知之甚少的基本现状，应充分发挥电视、报纸、网络、杂志、广播等媒体的作用，通过宣传提升企业及个人对碳交易的认知程度。全面介绍碳排放的国内外形势及碳排放的危害，增强全民降低碳排放的社会责任意识。加强对碳交易产品的宣传，让公众了解通过购买碳交易产品实现碳减排的作用机理，提升其购买意愿。加强对于碳交易方式的宣传，让公众知晓如何能够购买需要的碳交易产品，切实提升交易的活跃度。

五是加快进行排放摸底并编制温室气体排放清单，确定被纳入碳交易体系的行业范围及管制气体种类，设定相应的总量控制目标和履约周期，制定排放配额的分配规则并按一定标准将排放配额分配给具体排放实体，明确排放量的监测、报告与核查机制与相应方法。

（四）加强碳交易领域的国际交流与合作

　　加强"碳交易"领域的国际合作，积极拓展国际合作渠道，构建国际合作平台，建立资金、技术转让和人才引进等机制，探索建立适合我国的"碳交易"市场，实现低成本、高效率减少温室气体排放的目标。推动国内企业走低碳发展之路，鼓励大型企业走出去，学习国外的先进经验，强化与国外减排技术先进的知名企业进行技术研发、生产控制、管理经营等相关领域的创新交流，改进企业的节能减排技术水平，增强我国企业在国际市场的话语权。

第七章

增加碳汇的试点行动及对策思路

长期以来，推行低碳发展实践中，人们更注重节能减排从而减少二氧化碳的排放，而对于通过增加碳汇的办法应对气候变化关注相对较少。从全世界各国碳行动中，中国对碳汇重视程度远远高于其他国家。一般认为，碳汇就是指从空气中清除二氧化碳的过程、活动、机制，主要是指森林吸收并储存二氧化碳的多少或者说是森林吸收并储存二氧化碳的能力。我国地域广阔，森林覆盖面积大，碳汇基础具有先天条件，进一步加强植树造林、加强生态系统建设，持续增加碳汇能力，对于吸附二氧化碳，应对全球气候变化具有举足轻重的作用。近年来，低碳试点行动中，各地区和城市均制定了详细的碳汇增加计划。

一、碳汇相关概念及国家碳汇政策

（一）相关概念

1. 碳源

根据联合国政府间气候变化专门委员会的定义，碳源① (carbon source)，

---

① 根据《中国低碳年鉴2010》第1005页：《联合国气候变化框架公约》定义"碳源"为向大气中释放二氧化碳的过程、活动或机制；"碳汇"为从大气中消除二氧化碳的过程、活动或机制。

就是指二氧化碳气体成分从地球表面进入大气，如地面燃烧过程向大气中排放二氧化碳，或者在大气中由其他物质经化学过程转化为二氧化碳气体成分，大气中的一氧化碳被氧化为二氧化碳。从分类上看，包括能源及转换工业、工业过程、农业、土地使用的变化和林业、废弃物、溶剂使用及其他方面 7 个部分。2001 年 10 月，中国国家计委气候变化对策协调小组办公室启动的"中国准备初始国家信息通报的能力建设"项目中，将温室气体的排放源分类为能源活动、工业生产工艺过程、农业活动、城市废弃物和土地利用变化与林业 5 个部分。

2. 碳汇

碳汇（carbon sink），与碳源相对应，一般是指从空气中清除二氧化碳的过程、活动、机制，是指自然的或人造的、能够无限期地吸收和储存含碳的化合物的场所。其中，主要的自然碳汇包括海洋碳汇、森林碳汇和湿地碳汇；主要的人工碳汇包括垃圾填埋场、碳捕获和碳储存设备等。实际上，在人类活动产生的二氧化碳中，有将近 60% 被地球上的海洋和植物吸收，这才使得地球的气候变化在许多世纪以来被控制在一定程度之内。

森林碳汇和湿地碳汇都是依靠植物与藻类的光合作用形成碳汇作用，发挥碳储存功能。森林碳汇是指森林植物吸收大气中的二氧化碳并将其固定在植被或土壤中，从而减少该气体在大气中的浓度。森林是陆地生态系统中最大的碳库，在降低大气中温室气体浓度、减缓全球气候变暖中，具有十分重要的独特作用。二氧化碳是林木生长的重要营养物质，它把吸收的二氧化碳在光能作用下转变为糖、氧气和有机物，为生物界提供枝叶、茎根、果实和种子，提供最基本的物质和能量。林木通过光合作用吸收了大气中大量的二氧化碳，减缓了温室效应，这就是森林的碳汇作用。这一转化过程就形成了森林的固碳效果。森林是二氧化碳的吸收器、储存库和缓冲器。反之，森林一旦遭到破坏，则变成了二氧化碳的排放源。

3. 碳中和

碳中和①（carbon neutral）也叫碳补偿，指中和的（即零）总碳量释放，通过排放多少碳就采取多少抵消措施达到平衡，利用这种环保方式，人们计算自己日常活动直接或间接制造的二氧化碳排放量，并计算抵消这些二氧化碳所需的经济成本，然后付款给专门企业或机构，购买碳积分，由他们通过植树或其他环保项目抵消大气中相应的碳足迹②（carbon footprint）。目前购买碳补偿的人通常都生活在发达国家，在那里想要大规模减少民用碳排放十分困难，而且花费高昂。很多企业和居民认为，相比自己动手改造住宅或减少汽车尾气排放来说，购买碳补偿更加经济实惠。碳补偿的项目种类繁多，比如植树造林研发可再生能源、增加温室气体的吸收等等。生物质能源技术，包括基于生物质气的热电联产或秸秆燃料发电等，尽管有碳排放，但是在理论上这部分排除的二氧化碳会被下一茬农作物重新吸收，因此可以认为是"碳中和"技术。

（二）国家政策

早在 2006 年 12 月，国家林业局就发布《关于开展林业碳汇工作若干指导意见的通知》，指出为科学有序地推进清洁发展机制下造林再造林碳汇项目及相关工作，维护我国利益，国家林业局碳汇管理办公室制定了《国家林业局碳汇管理办公室关于开展清洁发展机制下造林再造林碳汇项目的指导意见》（林造碳函〔2006〕97 号），指出森林是陆地生态系统的主体，具有巨大的固

---

① 根据《中国低碳年鉴 2010》第 1002 页：碳中和指人们（包括单位、企业、个人）计算自己日常活动（生产）直接或间接制造的二氧化碳排放量，并计算抵消效这些二氧化碳所需要的经济成本，然后个人付给专门企业或机构，由他们植树或其他环保项目抵消大气中相应的二氧化碳，以达到降低温室效应的目的。

② 根据《中国低碳年鉴 2010》第 1002 页："碳"就是石油、煤炭、木材等由碳元素构成的自然资源；"碳足迹"表征着某个公司、家庭或个人的碳消耗量，是一种用来测量某个公司、家庭或个人因每日消耗能源而产生的二氧化碳排放对环境影响的指标；"碳"消耗越多，二氧化碳制造也多，"碳足迹"就大，反之，"碳足迹"就小。

碳功能，对降低大气中温室气体浓度、减缓气候变化具有重要作用，在国际《联合国气候变化框架公约》、《京都议定书》签订背景下，我国将大力推进CDM造林。2010年7月，国家林业局办公室发布《关于开展碳汇造林试点工作的通知》（办造字〔2010〕98号），正式启动碳汇造林试点工作，指出碳汇造林是指在确定了基线的土地上，以增加森林碳汇为主要目的，对造林及其林分（木）生长过程实施碳汇计量和监测而开展的有特殊要求的造林活动。相比普通的造林，碳汇造林突出了森林的碳汇功能，增加了碳汇计量监测等内容，强调了森林的多重效益，碳汇造林试点项目由国家林业局授权的林业碳汇计量监测专门机构实施碳汇计量与监测，费用计入碳汇造林成本；各地要加强宣传林业在应对气候变化中特殊地位和重要作用，宣传碳汇造林的目的意义，引导社会公众关注气候变化问题。

2009年11月，国家林业局发布《应对气候变化林业行动计划》，提出5项基本原则，即坚持林业发展目标和国家应对气候变化战略相结合，坚持扩大森林面积和提高森林质量相结合，坚持增加碳汇和控制排放相结合，坚持政府主导和社会参与相结合，坚持减缓与适应相结合。3个阶段性目标，即到2010年，年均造林（含封山育林）面积400万公顷以上，全国森林覆盖率达到20%，森林蓄积量达到132亿立方米，全国森林碳汇能力得到较大增长；到2020年，年均造林（含封山育林）面积500万公顷以上，全国森林覆盖率增加到23%，森林蓄积量达到140亿立方米，森林碳汇能力得到进一步提高；到2050年，比2020年净增森林面积4700万公顷，森林覆盖率达到并稳定在26%以上，森林碳汇能力保持相对稳定。规定实施的22项重点领域和主要行动，包括林业减缓气候变化的15项和林业适应气候变化的7项。其中，林业减缓气候变化的15项重点领域和主要行动是：大力推进全民义务植树；实施重点工程造林，不断扩大森林面积；加快珍贵树种用材林培育；实施能源林培育和加工利用一体化项目；实施森林经营项目；扩大封山育林面积；加强森林资源采伐管理；加强林地征占用管理；提高林业执法能力；提高森林火灾防控能力；提高森林病虫鼠兔危害的防控能力；合理开发和利用生物质材料；加强木材高效循环利用；开展重要湿地的抢救性保护与恢复；开展农牧渔业可持续利用示范。林业适应气候变化的 7 项重点领域和主要行动是：提高人工林生态系统的适应性；建立典型森林物种自然保护区；加大重点物种保护力度；提高野生动物疫源疫病监测预警能力；加强荒漠化地区的植被保护；加强湿地保护的基础工作；建立和完善湿地自然保护区网络。

2010 年 7 月，国务院发布关于《全国林地保护利用规划纲要（2010 ～ 2020 年）》的批复（国函〔2010〕69 号），其中明确指出规划是"加强节能减排、提高林业应对气候变化能力的客观要求。森林是陆地最大的储碳库和最经济的吸碳器，林业在应对气候变化的间接减排方面具有无可比拟的优势。我国现有森林每年吸收 9 亿多吨碳，净吸收量达到了每年工业碳排放的 8%。在 2007 年的 APEC 会议上，中国政府提出的建立'亚太森林恢复与可持续管理网络'的重要倡议，被国际社会誉为应对气候变化的森林方案。联合国《气候变化框架公约》第 13 次缔约方大会将植树造林、加强抚育、减少毁林、控制森林退化作为巴厘岛路线图的重要内容。2007 年颁发的《中国应对气候变化国家方案》将植树造林、发展森林资源作为减缓气候变化的重要措施之一。而提高林业应对全球气候变化的能力，需要从根本上增加林地面积，提高森林保有量，从而增强森林植被的碳汇功能。胡锦涛主席在气候变化峰会上向国际社会做出的争取到 2020 年比 2005 年森林面积增加 4000 万公顷、森林蓄积增加 13 亿立方米的目标，将保护利用林地、增加森林资源提高到了国家目标和战略高度"。

2011 年 12 月，国家林业局办公室发布《关于印发林业应对气候变化"十二五"行动要点》的通知，通知中指出"十二五"期间全国完成造林任务 3000 万公顷、森林抚育经营任务 3500 万公顷，到 2015 年森林覆盖率达 21.66%，森林蓄积量达 143 亿立方米以上，森林植被总碳储量达到 84 亿吨，要加快推进造林绿化、全面开展森林抚育经营、加强森林资源管理、强化森林灾害防控、培育新兴林业产业、科学培育健康优质森林、加强自然保护区建设和生物多样性保护、大力保护湿地生态系统、强化荒漠和沙化土地治理。

二、试点地区增加碳汇的行动计划

林业在发展低碳经济中有着其他行业所没有的优势。这种优势在于林业具有其他产业所不具备的一种重要资源，即森林。森林通过光合作用吸收二氧化碳，放出氧气，把大气中的二氧化碳以生物量的形式固定下来，研究表明：林木每生长 1 立方米的蓄积量，平均吸收 1.83 吨二氧化碳，释放 1.62 吨的氧气。森林对碳的吸收和储量占每年大气和地表碳流动量的 90%。这种通过增加森林碳汇来达到减排的方法是安全的、实实在在的减排。而且增加森林固碳投资少、代价低、综合效益大，具有很强的经济可行性和现实操作性。目前，不少试点地区和城市通过植树造林、城市绿化、湿地保护等多种措施，切实促进了碳汇的增加。

（一）云南：依托生物资源优势推进"森林云南"计划

云南省实施森林云南建设计划，加大植树造林力度，有效增加了森林面积和森林碳汇。早在 2005 年，云南省林业厅在保护国际（CI）、美国大自然保护协会（TNC）的支持下，实施了云南省森林多重效益项目——林业碳汇试点项目。项目实施期为三年（2005~2008）。项目实施地点为腾冲县、隆阳区和双江县。云南省还利用法国开发署贷款 3500 万欧元开展生物固碳造林和沼气建设项目，生物固碳造林面积 59000 公顷，沼气建设 24000 户，致力于减少中国农村地区温室气体排放，增强林业活动的生物固碳能力。到 2011 年，全省完成营造林 929.94 万亩，其中，人工造林 826.68 万亩，无林地新封山育林 103.26 万亩。同时，积极开展应对气候变化国际合作，充分利用各种渠道争取国际资金和技术支持。

　　总体上看，推进森林云南建设，以建设"森林云南"为目标，以创建生态园林城市和森林城市为重点，切实加强林业生态建设，增加森林碳汇；完善城市绿地系统，推进城市园林绿化，增加城市碳汇。总体上，近年来云南利用森林碳汇潜力大的优势，积极开展碳汇造林，发展碳汇经济，取得了丰硕的成果，在具体做法上，主要有以下重点。

　　一是加强林业生态建设，增强森林碳汇功能。以保护和建设森林生态系统、治理和修复石漠化生态系统，保护和恢复高原湿地生态系统、维护生物多样性为核心，加强森林资源管护，大力开展植树造林，治理和修复石漠化和生态脆弱区域，强化野生动植物和湿地保护，加强自然保护区建设，继续实施江河和湖泊防护林体系建设，积极探索碳汇造林，结合生态建设工程恢复受损的森林植被，构建云南的绿色生态屏障。到 2015 年，完成退耕地还林 800 万亩、荒山荒地造林 400 万亩、封山育林 200 万亩，森林覆盖率达到 55%，森林蓄积量达到 17 亿立方米。

　　二是推进城市园林绿化，增加城市碳汇。以创建生态园林城市和森林城市为重点，进一步完善城市绿地系统，大力推进城市中心公园、道路和住宅区绿地建设，大力开展城郊环城森林带和森林公园建设，实行城区园林化、城郊森林化、道路绿荫化、庭院花园化，不断提高城市园林绿化水平，增加城市碳汇能力。到 2015 年，全省城市建成区绿化率超过 35%。

　　三是开展碳汇造林，发展碳汇经济。云南省作为全国重点林区，具有发展碳汇造林的良好条件。根据林业碳汇项目要求，对全省的无林地进行分析，筛选出适合实施森林碳汇项目的土地，统筹规划，分阶段、分层次逐步推进森林碳汇项目。同时对全省现有森林植被的碳汇量进行科学估算，评估可用于碳汇林的宜林地资源，为今后开展新的碳汇造林项目打下坚实的基础，争取使云南在这一领域走在全国前列。

（二）保定市：积极倡导植树造林以提高碳汇能力

"十二五"期间，保定市提出林业发展目标是，争取5年完成新造林3000万公顷、森林抚育经营（含低效林改造）3500万公顷，全民义务植树120亿株。

2011年12月，保定市发展改革委组织编制的《河北省保定市低碳城市试点工作实施方案》指出，通过以下方法切实提高碳汇能力。一是加快城市植树造林。按照"林荫型、景观型、休闲型"的绿化方向，重点推进社区公园、小游园、绿化广场和水系林网建设，开展大规模群落式道路林带升级改造，构建绿量充足、布局合理、景观优美、康乐休闲的城市森林网络体系。二是推进农村植树造林。坚持生态效益与经济效益并重的原则，推进经济型生态防护林、名优果品林和农田林网建设，加快林业产业发展；广泛开展乡镇村屯绿色家园建设，不断提高农村地区植树造林的质量和水平。三是开展重点区域植树造林。重点推进河流、水库、淀区等水体沿岸和公路、铁路等道路两侧的植树造林，不断提高重点区域和重点部位植树造林的生态功能。对于能源消耗和污染排放大市，保定市通过植树造林加快提高森林碳汇能力非常必要，意义重大。

（三）陕西：加强造林绿化，打造绿色新陕西

自国家实施西部大开发战略以来，陕西林业通过坚持不懈的植树造林，保护森林资源，发展林业产业，深化体制改革，取得了显著的成效，为当地经济社会的可持续发展提供了良好的生态保障，为人民的低碳生活提供了坚强的物质保证。经过多年的努力，以退耕还林、天然林保护、三北防护林等林业重点工程为依托，有力地推动了陕西林业建设的步伐。陕西的林业建设也是自改革开放以来投资规模最大、发展速度最快、取得效果最好的时期。陕西林业的各项举措，提高了植被面积，增加了森林碳汇，为陕西的低碳发

展提供了良好的绿色保障。

一是加强秦岭"碳汇库"建设。围绕保护秦巴山区植被覆盖，采取封山育林、人工造林、飞播造林和小流域综合治理等措施，加强现有森林资源的保护和依法管理，修复自然生态环境功能。加快秦岭国家植物园建设进程，加大秦岭生态保护力度，提高单位面积森林蓄积，增加碳汇蓄积量。

二是退耕还林工程的实施，使陕北的生态面貌发生了翻天覆地的变化。1999～2011年，陕西省累计完成退耕还林3613.5万亩，使得昔日的黄土高原披上了绿装，陕西的绿色版图向北推进了400多公里。陕西省退耕还林建设规模和投资额度均居全国第一。

三是天然林保护工程的实施为陕西森林资源安全体系的构建提供了保障。作为全国实施天然林保护工程的重点省份，陕西早在1998年就停止了天然林的商品性采伐，而通过这一措施，全省范围内的1.28亿多亩森林得到有效保护，累计减少森林资源消耗5000多立方米，相当于年均森林生长总量的3.8倍。

四是加强防护林体系建设。继续推进天然林资源保护、退耕还林、长江防护林二期和三北防护林体系建设，建设榆林沙区、黄土高原水土流失区、关天经济区、秦巴山区四个百万亩防护林基地。继续发展平原林业和高效经济林，加快绿色通道、园林城市建设，加强农田防护林网、河流护岸林和森林公园建设，提高城乡森林覆盖率。初步形成了黄河沿岸防护林、西包公路护路林两条带，以及风沙区防风固沙林、渭北草原生态经济型防护林、黄桥林区水源涵养林三大片的防护林体系格局，年沙尘暴天数由建国初的66天减少为20世纪末的24天，而且近年来陕西几乎没有发生过大的沙尘暴灾害天气。

五是强化重点区域绿化工程。围绕秦巴山区、毛乌素沙漠和主要交通骨十网，重点建设长江、黄河、渭河、洛河、无定河流域绿化带。实行陕北能源化工基地所有企业"建一片厂房，绿一块植被"计划，提高陕北工业区和生活区植被覆盖率。继续巩固实施退耕还林工程，持续加强陕北生态脆弱地区治理，每年春、秋两季集中组织全省大规模植树造林行动，确保完成年 400 万亩造林任务。与此同时，按照科学规划、突出重点、板块推进的原则，组织实施了八大重点区域绿化工程，确定在继续推进远山、高山造林绿化的同时，加大村镇、道路、河流、旅游景点等人口密集区域的绿化力度。通过"三化一片林"绿色家园建设，目前已经有 771 个试点村分别按照绿化用材型、庭院林果型、生态屏障型、自然风景型、旅游观光型等不同模式完成造林绿化 15.1 万亩，栽植各类绿化苗木 1510 万株，初步形成了村在林中、院在绿中、人在景中的乡村生态新格局。

（四）南昌：推进城市园林绿化，增加城市碳汇

按照低碳理念优化和深化城市规划，坚持采取产城融合、组团推进的方式扩大城市规模，坚持把就业和生活等集束多功能的城市综合体作为城市开发的主要载体。规划建设低碳绿道网络，建"全互通"的"城市田园脉络"，实现"显山露水"的自然低碳景观。以建设生态园林城市和森林城市为重点，进一步完善城市绿地系统，大力推进城市中心公园、道路和住宅区绿地建设，大力开展城郊环城森林带和森林公园建设，实行城区园林化、城郊森林化、道路绿荫化、庭院花园化，不断提高城市园林绿化水平，增加城市碳汇能力。

2008～2011 年，南昌市实施"森林城乡、花园南昌"建设。工程建设坚持以"城市绿化早精品、农村绿化上水平、通道绿化出风景"为目标，着力构建"树有高度、林有厚度、绿有浓度、特色鲜明、个性突出"的城乡绿化体系。2011 年度全市新增造林面积 20.93 万亩。其中城郊以"一二三四"、"四提四增"和"森林十创"等工程为重点，实现了山上绿化与山下绿化同步、生态效益与经济效益兼顾。根据新增造林面积，全市至少新增森林蓄积 8000 余立方米，按林木每生长 1 立方米的蓄积量吸收二氧化碳 1.83 吨来计算，仅 2011 年度南昌市新增林木吸收二氧化碳 1.46 万吨，释放氧气 1.29 万

吨，净化空气、改善居民居住环境的效益是显著的。

为了提高碳汇水平，多个县区实施了林相改造。如湾里区以全市"森林城乡、花园南昌"建设为契机，结合区域范围内生态旅游发展需要，围绕"增色、添景"两不误的思路，着力实施了区内造林绿化工程。2009年实施了3000亩林相改造，2010年实施2000亩林相改造，主要是在湾里区主干道两侧通过人工补植补造，种植以乡土阔叶树种为主，速生与慢生、阴性与阳性、常绿与落叶相结合，适地适树与适景适树相结合选配种类，逐步把区内老化、退化的杉木、马尾松林改造成多树种的针阔混交林，提高森林单位面积蓄积，增加森林碳汇能力。同时，湾里区重点规划打造梅岭四季花谷，目前已打造完成樱花谷、碧桃园和杜鹃园。通过多样性的植物配置，将梅岭打造成一个四季可赏、全年可游的综合性生态旅游景区。这不但提升了湾里区的城市竞争力，也为南昌市民低碳出行提供了好去处。

南矶湿地作为南昌市唯一的国家级自然保护区，是江西省面积最大的国家级自然保护区，总面积3.33万公顷，对于水资源保护、鸟类保护、渔业资源增殖保护都具有重要意义。特别是在鸟类保护上，由于保护区处在西伯利亚至澳大利亚鸟类迁飞线路上，是重要的鸟类迁飞停歇地和中继站，更是鄱阳湖候鸟栖息越冬的主要场所，受到世界广泛关注。鸟类栖息高峰值可达30万羽，其中有国家Ⅰ级、Ⅱ级保护鸟类28种，全球濒危鸟类10种。江西南矶湿地国家级自然保护区在保护物种的生物多样性方面有着举足轻重的地位，也是南昌打造低碳城市不可或缺的部分。

三、持续增加碳汇的对策思路

我国广袤的国土空间为增加碳汇提供了天然的载体条件，为此要进一步提高认识，高度重视利用国土生态环境增加碳汇的重要性和必要性。现阶段加强以下应对措施：一是全面构建国土碳汇支撑网络，保障增强碳汇能力供给；二是推进园林城市建设，构建城市碳汇体系；三是加大投入力度，实施一批重点碳汇工程；四是积极开展碳汇领域的国际合作；五是加强碳库碳汇计量监测和预警机制建设。这样，通过多项措施多管齐下，持续增加我国生态系统的碳汇功能，为我国乃至全球的低碳发展做出积极贡献。

（一）全面构建国土碳汇支撑网络，保障增强碳汇能力供给

一是森林碳汇。实施重点林业工程，加强林业管护。二是草地碳汇。国内仍没有学者对草地碳汇进行界定，因为大多学者认为草地的固碳具有非持久性，很容易泄漏。尽管草地固碳容易泄漏，但是随着我国退耕还林、还草工程的实施，草地土壤的固碳量在增加，因此从增量角度看草地还是起到了固碳的作用。三是耕地碳汇。耕地固碳仅涉及农作物秸秆还田固碳部分，原因在于耕地生产的粮食每年都被消耗了，其中固定的二氧化碳又被排放到大气中，秸秆的一部分在农村被燃烧了，只有作为农业有机肥的部分将二氧化碳固定到了耕地的土壤中。四是海洋碳汇。海洋碳汇是将海洋作为一个特定载体吸收大气中的二氧化碳，并将其固化的过程和机制。地球上超过一半的生物碳和绿色碳是由海洋生物（浮游生物、细菌、海草、盐沼植物和红树林）捕获的，单位海域中生物固碳量是森林的 10 倍，是草原的 290 倍。

（二）推进园林城市建设，构建城市碳汇体系

在新型城镇化推进过程中，推进绿色城镇化进程，加快建设园林城市。结合城市道路系统、绿地系统、步行和自行车交通系统的建设，实现城市绿道、社区绿道与区域绿道的衔接互通，形成结构合理、功能完善、惠及民生的绿道网体系，有效增强城市碳汇能力。积极推广屋顶和垂直绿化，强化建筑群立体平台和立交桥护栏绿化，持续增加城市三维绿量。改变单一草坪绿化为乔、灌、草相结合的复合绿化体系，增强绿化的生态效益。规划建设多

层次公园体系，加强大型城市绿廊保护和建设，均衡布局各类公共绿地，逐步完善城市绿地系统。

（三）加大投入力度，实施一批重点碳汇工程

国家林业部门统筹，在全国范围内，围绕山地、平原、江河、湖泊等生态系统，实施一批跨地区、跨流域、跨山脉、跨湖泊重大的生态建设项目，实施一批重大的碳汇工程。在投入方式上，以政府财政投入为主，部分生态建设项目根据其特征可以采取市场化方法。同时，积极倡导社会各界协作建立碳汇工程建设基金，把碳汇工程作为重要的大型公益活动。

（四）积极开展碳汇领域的国际合作

深化国际交流合作。及时准确掌握应对气候变化林业议题谈判形势变化，认真研究坎昆会议通过的两项决议，积极开展相关政策研究和科技攻关，及早制订我国林业与国际应对气候变化规则接轨的新政策、新措施、新规程和新标准。积极参与国际森林文书等相关国际公约谈判和国际规则制定。做好联合国亚太地区林业委员会会议、APEC 林业部长会议等重要国际会议和国际森林年的相关工作。积极推进中美共建中国园项目。妥善应对森林可持续经营、非法采伐和老虎、象牙、犀牛角等涉林敏感、热点问题。继续实施林业"走出去"战略，巩固和拓展政府间、部门间合作渠道。进一步争取官方和非官方多双边援助项目，积极引进国外资金、技术和先进理念，推动我国林业持续稳定地发展。

（五）加强碳库碳汇计量监测和预警机制建设

就国家和区域尺度碳汇研究发展和生态安全评估而言，需结合森林资源清查和森林资源定点监测数据，估算区域尺度上碳储量、地理分布、碳储量

变化率（碳汇）；调查林产品生物量和碳储量及林木资源去向。林产品的数量决定了产品的固碳量，资源利用情况影响了碳素在木质产品中的贮存和周转时间，从而影响到某一时期内的固碳量。就林业项目而言，加快促进监测土地利用、土地利用变化及森林（LULUCF）项目碳变化，包括林地转化为其他用地和其他用地转化为林地；监测减少毁林和森林退化排放（REDD）项目，包括避免合法的毁林（APD）项目、避免非法的前缘地带毁林和退化（AUFDD）项目和避免非法的马赛克（Mosaic）毁林和退化（AUMDD）项目；监测增加林业碳汇活动，包括造林再造林、森林抚育、森林经营和森林保护。另外，在加强监测的基础上，要进一步加强碳汇风险预警工作。

第八章

低碳生活试点案例及促进全民低碳的措施

低碳生活 (low carbon living)，就是指人们在日常生活作息时，通过节电、节气及回收循环利用等方式来改变生活细节以尽量减少所耗用的能量，达到低碳的目的，特别是减少二氧化碳的排放量，从而减少对大气的碳影响。应该说，低碳生活既是一种生活态度，也是一种生活方式和潮流。倡导低碳生活的过程就是低碳理念深入人心的过程。在我国人口消费量大，低碳消费对于促进实现低碳社会建设意义重大。近年来，随着低碳试点行动的开展，低碳型社会建设步伐加快，人们越来越重视生活领域的低碳细节，特别是部分试点城市，通过政府引导和居民参与的方式，初步探索出一些重要的低碳生活模式，值得推广示范。

一、积极倡导低碳生活

低碳生活本质上就是节能节约，而崇尚节约是中华民族的文化传统，从这个角度看，自古以来我国就积极倡导低碳生活。当然，随着人们物质生活的改善，改革开放以来也出现了不少不节约或不节能的现象。为此，在低碳发展的时代背景下，近年来国家从政策层面也出台了不少关于引导低碳生活方面的政策文件、规章制度以及指导意见，以及国家层面倡导一些低碳行动的活动。

2007年12月，国务院办公厅发布《关于限制生产销售使用塑料购物袋的通知》（国办发〔2007〕72号），旨在从源头上采取有力措施，督促企业生产耐用、易于回收的塑料购物袋，引导、鼓励群众合理使用塑料购物袋，促进资源综合利用，保护生态环境，进一步推进节能减排工作。提出六点意见：一是禁止生产、销售、使用超薄塑料购物袋；二是实行塑料购物袋有偿使用制度；三是加强对限产限售限用塑料购物袋的监督检查；四是提高废塑料的回收利用水平；五是大力营造限产限售限用塑料购物袋的良好氛围；六是强化地方人民政府和国务院有关部门的责任。随着限塑的深化推进，目前全社会的限塑意识、环保节约意识得到大大增强，同时也大大节约了全社会的塑料消耗，节约了石油和二氧化碳排放。

2009年11月，国务院总理温家宝主持召开国务院常务会议决定，我国到2020年单位国内生产总值二氧化碳排放比2005年下降40%～45%，并提出"加快形成低碳绿色的生活方式和消费模式"。2010年3月5日，国务院总理温家宝在向第十一届全国人民代表大会第三次会议做政府工作报告时，指出要努力建设以低碳排放为特征的产业体系和消费模式，标志着低碳消费正式纳入国家战略。

2009年12月，国务院发布《关于加快旅游业发展意见》（国发〔2009〕41号），要推进节能环保。"实施旅游节能节水减排工程。支持宾馆饭店、景区景点、乡村旅游经营户和其他旅游经营单位积极利用新能源新材料，广泛运用节能节水减排技术，实行合同能源管理，实施高效照明改造，减少温室气体排放，积极发展循环经济，创建绿色环保企业。五年内将星级饭店、A级景区用水用电量降低20%。合理确定景区游客容量，严格执行旅游项目环境影响评价制度，加强水资源保护和水土保持。倡导低碳旅游方式。"随后，全国各地区大力突进发展低碳旅游，使得低碳旅游成为一种新的时尚选择和休闲消费方式。

2010年2月，全国妇联、中央文明办、国家发展和改革委员会发布《关于深化节能减排家庭社区行动开展"低碳家庭·时尚生活"主题活动的通知》（妇字〔2010〕5号），倡导在广大妇女和家庭中开展系列低碳活动，大力宣传和普及低碳知识，倡导广大家庭实行低能量、低消耗、低开支、低代价的低碳生活方式，享受绿色时尚生活，引导广大家庭成员从自己做起、从家庭做起、从点滴做起，为形成节约能源资源和保护生态环境的生活理念、消费模式，为发展绿色经济、低碳经济和循环经济贡献力量。通知还明确指出，要在全国家庭发起、实施"家庭低碳计划十五件事"，包括：①使用节能灯，随手关灯、拔插头；②少用空调多开窗；③使用节水型洁具，循环用水；④温水洗衣自然晾晒；⑤随身自备饮水杯，不用一次性纸杯；⑥少喝瓶装饮料，多喝白开水；⑦外出用餐自备筷、勺等便携餐具；⑧购物使用布袋子，尽量不用塑料袋；⑨电梯少乘几层，楼梯多爬几层；⑩每周少开两天车，多坐地铁和公交车；⑪每周上班走路或骑自行车一到两次；⑫多在户外运动锻炼，少去健身房；⑬提倡减少荤食，合理健康饮食；⑭家里多养花种草，绿化居室环境；⑮建立家庭低碳档案，核算每月家庭减少的碳排放量。

2010年5月，由中国轻工业协联合会、中国自行车协会共同举办的"低碳行动骑行中国"2010北京—深圳自行车骑行活动启动，活动以"骑出美好生活，倡导低碳中国"为主题，途径北京、天津、河北、山东、江苏、上海、浙江、福建、广东9省市的125个地市区县，318个镇。沿途通过多种方式极力宣传低碳减排政策、推广低碳生活理念，起到良好的低碳宣传效果。

2010年6月，全国商务系统组织开展"节能产品进商场"、"商品包装简化行动"、"限制使用生产塑料购物袋"等多项低碳环保行动，积极倡导绿色消费理念和行为，鼓励采用节能产品，引导国民转变消费理念，自觉选择节约、环保、低碳排放的消费模式。2010年10月，商务部出台《关于流通业节能减排的指导意见》，指出当前我国流通服务业粗放型发展方式还未根本改变，节能减排的潜力很大，加强流通服务业节能减排，不仅有利于促进流通服务业降低流通成本，提高经济效益，而且对于缓解我国资源短缺，保护生态环境，转变经济发展方式，促进经济又好又快发展具有重要作用。总体任务：一是推动商业企业（市场）开展节能技术改造；二是加大汽车、家电以旧换新工作力度；三是进一步做好抑制商品过度包装和限制塑料袋使用工作；四是推进餐饮服务业节能减排工作；五是加快推广使用散装水泥；六是加快推广使用散装水泥；七是积极促进生产和消费环节节能减排。其中，生产和消费环节的节能减排，就是要充分发挥流通服务业连接生产和消费的桥梁作用，引导生产企业生产节能产品、使用节能材料，限制生产和消费过程中耗能高、污染重的商品进入市场；倡导绿色消费、理性消费理念，鼓励零售企业向消费者推介节能新技术、新产品，引导消费者购买、使用节能产品，推动生产和消费模式向节能环保方向转变。

2010 年 6 月，国家旅游局发布《关于进一步推进旅游行业节能减排工作的指导意见的通知》（旅办发〔2010〕80 号），指出五星级饭店每平方米建筑面积综合能耗平均值为 60.87 千克标准煤，四星级饭店每平方米建筑面积综合能耗平均值为 47.29 千克标准煤，三星级饭店每平方米建筑面积综合能耗平均值为 40.36 千克标准煤。A 级景区游客每人次用电量为 1.42 度，游客每人次用水量为 0.17 立方，旅游行业节能减排潜力很大。为此，各级旅游管理部门要充分认识到推进旅游行业节能减排工作的重要意义，把节能减排工作作为实现旅游业转型升级、促进可持续发展的重要工作内容，进一步增强环境意识、资源意识、效率意识。在工作上，加强引导，完善配套鼓励政策；要树立典型，推行合同能源管理；收集信息，建立完善考核体系；加强领导，组织全员积极参与；加强宣传，提高节能减排意识；创新机制，加大监督检查力度。

2011 年 3 月，国务院发布《中华人民共和国国民经济和社会发展第十二个五年规划纲要》明确指出，推广绿色消费模式，倡导文明、节约、绿色、低碳消费理念，推动形成与中国国情相适应的绿色生活方式和消费模式等。低碳生活的内涵主要包括：一是资源节约。以资源的最大限度节约利用促进"低耗"。全面促进资源的高效节约利用。在生活等领域全面推广资源循环利用模式，尽可能地减少资源消耗，增加资源的重复利用和循环再生。二是低碳减排。尽可能地减少二氧化碳和各类污染物排放。在综合创新的基础上，通过综合措施，全面推行低碳生活方式，加快推进低碳社区、低碳家庭建设。三是减少污染排放。通过技术和管理的革新，从个人、家庭、社区、企业、园区等不同层面推进污染减排工作，严格控制"三废"排放，防止可能出现的其他各种新污染物增加。

二、试点地区成功的低碳生活案例

由于低碳生活发生在每个人生活的方方面面，随着人们低碳意识的普遍增强，目前在全国范围内已经有不少与低碳生活实践有关的典型示范案例，不胜枚举。这里，着重介绍低碳试点地区提供的一些有代表性的低碳生活方式。

（一）武汉格林美3R循环低碳超市

"3R循环消费社区连锁超市"由深圳市格林美高新技术股份有限公司首次创意和投资。格林美公司总部位于深圳，是中国开采城市矿山资源、再生资源行业和电子废弃物回收利用行业的先进企业。2011年10月18日，中国首家以循环消费为主题的低碳超市——"减量化、再使用和再循环"（3R）循环消费社区连锁超市亮相湖北武汉南湖社区，一个改变居民生活方式的低碳商业模式就此诞生。3R低碳超市不仅是一家便民超市，更是一家将低碳根植于居民的消费行为中，立足改变居民消费模式、倡导绿色消费、循环消费的连锁综合服务中心。由低碳销售，拉动低碳消费，从而促进低碳生产，用居民低碳生活方式促进企业向低碳生产方式转变。

三大功能。第一大功能：3R低碳超市，为全球的低碳产品提供一个公共分销渠道，通过创建绿色消费环境，引导居民迈向低碳生活方式，让节能低碳产品进入千家万户。第二大功能：3R寄售和交换，推动二手商品的再使用，使资源物尽其用，互动乐趣，传递环境价值。第三大功能：再生资源回收站，以社区为单元，推进报废商品的分类回收与循环利用，推进社区报废资源的阳光交易、规范收集、安全转运。

两大碳计划。格林美3R超市创造性引入"碳揭露计划"与"碳积分计划"，让低碳名副其实，让低碳消费人人参与，让减碳指标人人量化，构建中国社区居民全面参与减碳减排的评估、量化、累计、核查的低碳消费与低碳信息系统，建立中国公民减碳减排的信誉体系，在方便大家购买便民商品的同时享受低碳消费的乐趣和价值。3R碳揭露计划是指每一件低碳商品的消费、每一件二手商品的寄卖与交换使用、每一公斤（件）废品回收都量化为减碳指标，建立低碳产品消费、二手寄售（或者交换）和废品收购的碳指数评估、标示的规则与体系。3R店每一件低碳商品上都独具一格的产品标签，除产品名、规格、价格外，还突出添加了"碳标示"，即物品 CO_2 排放量。3R碳积分计划是指采用电子信息平台和积分卡，对社区居民每一次低碳产品消费、寄售（或者交换）、收废行为进行碳积分，记载在碳积分卡上，可累计、可核查，成为中国居民人人参与减碳的可量化、公开、透明的碳积分体系。消费者每次在店内循环消费都可进行碳积分，累积的碳积分还可以兑换相应的低碳产品。

信息化服务，全方位展示低碳生活。为优化服务程序，3R店引进标准商超化管理模式和先进的信息管理系统，对销售、寄售、回收等功能信息化管理。同时，公司已搭建电子商务平台（中国循环消费网，WWW.3RSHOP.CN），这里可以网购低碳产品、网上展示寄售和交换、在线收废、注册低碳账户，储蓄环保。网上商城和3R实体店的结合，让循环消费在网络和生活中全方位展示低碳生活。循环消费社区连锁超市的建立，践行低碳理念，实现生产、流通、消费的连通，转变消费需求，改善消费环境，建立了覆盖生产、消费、回收的闭路循环消费模式，是湖北低碳商业模式创新的成功示范。

（二）武汉市百步亭低碳社区

百步亭花园社区地处武汉市江岸区，2011年8月，百步亭社区被批准为湖北省第一批低碳试点示范社区。低碳试点示范社区建设是社区"十二五"建设规划中重要的组成部分。社区围绕"资源节约型和环境友好型"两型社会建设目标，引领居民践行低碳生活理念，运用规划、科技、管理等多种手段，致力于建设绿色社区、低碳社区。

实行绿色规划，强化低碳社区功能。一是合理布局交通，减少能源能耗。社区实行了"绿色交通计划"，倡导健康环保的生活方式，提倡步行、骑自行车和使用公共交通。依托政府的主干道交通和轨道交通，社区建成多种交通方式相协调的立体交通体系。规划包括自行车、步行和电瓶车在内的"慢行系统"。为鼓励居民使用电瓶车，在停车场设置电瓶车充电平台。社区内建成18处免费自行车租赁点，实现社区居民和社区工作者绿色出行。二是合理布局绿地，营造人文环境。社区建成以居住区公园为中心、街头公园、绿色走廊为骨架、组团绿化为主体的绿地体系。2011年，建成占地3.4万平方米的世博公园。目前社区建成3个居住区公园、6个街头公园、1万多平方米的架空层和6000多平方米的空中花园，绿化率达到40%以上，获得了武汉市绿色示范社区称号。三是完善配套设施，强化社区功能。在社区医院、酒店、会所、办公楼、恒温游泳馆等公共建筑中，全部采用了水源热泵技术和太阳能热水技术。

坚持科技创新，打造绿色建筑。一是严格执行国家标准，推进建筑节能。武汉地处冬冷夏热地区，百步亭集团在建筑规划设计时通过控制建筑体型系数、建筑朝向、楼间距等措施做好节能，并将结构体系的优化与建筑节能结合起来，尽量减少外墙的钢筋混凝土面积，增加保温隔热层。二是利用地源热泵技术，提高社区居住品质。2011 年，在世博园项目中采用闭式循环垂直地埋管地源泵系统，使用面积为 2 万平方米公建和约 3 万平方米住宅。2011 年，在百步亭集团的新开发项目中，充分利用污水源热泵技术提取污水中的温差，污水循环后再排放至污水箱涵，将污水变废为宝。三是推广太阳能技术，优化居住环境。2011 年，在百步亭世博园项目 1500 套住宅中建成了集中集暖、分户储水的"力诺瑞特"太阳能热水系统。四是实施节水技术，推行节约用水。2011 年，在百步亭世博园项目中建成了雨水收集系统，利用管网收集小区的雨水作为回用水源，储存在公共绿地内的雨水收集池和水景水体内，经过过滤、尘沙等处理后进行绿化、道路浇洒、水景补水和场地冲洗，并将雨水收集系统和人工湿地系统相结合，雨水收集系统为人工湿地补水，人工湿地为雨水净化提供帮助。五是试行垃圾分类，促进垃圾减量。百步亭集团在百步亭现代城、世博园项目中都规划了生活垃圾生化处理机房，厨房垃圾进入生活垃圾生化处理机房，试行分类回收。

（三）厦门低碳生活体验公园

筼筜湖位于厦门市城市中心区，环境优美，目前湖区水域面积约为 1.6 平方公里，绿化面积约 31.5 万平方米，湖泊的中央是美丽的白鹭洲。总体来说，筼筜湖区的生态环境较为脆弱。为了适应发展的需要，筼筜湖区域既要开发休闲旅游项目，又要保护环境，减少污染的排放，达到"以保护促进开发，以开发促进保护"的目的，使旅游和环保相得益彰。

按照"让筼筜湖更宜居、宜雅、宜游"的要求，为全面提升筼筜湖的品质，建设一批一流的低碳节能休闲旅游设施，厦门市全力推动筼筜湖周边景观提升及筼筜湖游艇项目，并委托厦门鼓浪屿旅游投资有限公司负责实施。目前首艘节能、绿色、环保太阳能观光船已建成并进行试航，该游船由厦门市杰能船艇科技有限公司自行设计建造，船重约 13 吨，长 15 米，宽 6 米，舱室净高 1.9 米左右，采用的是双体船的造型，整艘船艇采用玻璃钢复合材料结构，船顶铺设非晶硅太阳能板及单晶硅太阳能板，吸收太阳光所产生的能量并转化储存成电能，为船上各种电器及设备供电。在充足阳光照射下，游艇四五个小时就可以将电池充满，足够航行 8～10 个小时。如果遇到连续阴雨天，太阳光不足，游艇也可以通过充电器进行充电；游艇动力部分采用进口双驱动电机，完全不用汽油或柴油，最大限度做到环保；游艇行驶时时速 8～10 公里，很平稳，噪音极小，吃水也浅，只有七八十厘米，不会搅动湖底的淤泥，船上的污水也不直接排入湖中，全部通过水箱收集，靠岸后再排放到市政管网的排污口，同时船上的垃圾箱也是分类收集。今后投放在筼筜湖运营的太阳能游船分为两种：一种是商务接待船，装修及内部设备配置较豪华，每次能够容纳 20 人；另外一种是观光游览船，每艘船能够容纳 40 人，内部配置相对简单。随着"筼筜雅游"项目的推进，它将成为厦门市的低碳节能环保示范项目。

（四）佛山市：以商业模式创新破解低碳转型动力难题

一是"积分制"调动全民参与积极性。禅城区创造性地建立了"低碳积分制"，即公众在参与低碳转型过程中，将获得相应的低碳积分，当积分达到一定程度后，可以到相应的商家联盟实体店里换取物品或抵扣消费，也可通过捐赠碳积分来认养树木。为了方便公众参与低碳行动，禅城区专门建立了"绿行者低碳行动响应热线"，当公众要报废旧家具、处置废弃木材、更换节能灯具、更换节水马桶时，可以直接拨打该热线，将有专业的服务队上门回收或更换，服务人员将现场核实回收价格或节能减排效果并赠送相对应的积分。从公众角度来看，该模式既为公众采取低碳行为提供了便利，又使公众在行动中获得实实在在的好处，大大提高了公众积极性；从企业来看，通过参与各类低碳活动，一方面能通过"广告效应"宣传企业的产品和理念，提高企业和产品的社会形象和品牌认知度，另一方面"积分换取消费"也可以成为企业开展促销的有力手段。

二是企业参与废旧回收模式"变废为宝"。建立了企业参与废旧回收模式，通过在学校和社区设立"废旧电池回收环保箱"，待环保箱装满后，由学校和社区专人打电话到佛山市邦普循环科技有限公司，公司派人上门收取后集中处理，将废旧电池中的镍、钴、锰、锂等元素提炼出来，生产出性能卓越的高端锂动力电池前驱材料，实现从废旧电池到电池材料的"定向循环"，变废为宝，化害为利。同时，为了实现多方共赢，企业将向学校和社会负责管理环保箱的个人支付一定的报酬，提高其参与积极性。

三是公共自行车系统的政府购买服务模式。为了减少城市温室气体排放量，法国巴黎、丹麦哥本哈根等城市都采取了"公共自行车计划"，鼓励市民选择绿色出行方式。公共自行车系统具有一定的公益性，需要建立和完善政府投入、市场化运营和政府管理的新机制。禅城区在借鉴国内外先进经验的基础上，通过采用政府购买服务的新模式，由政府投入财政资金，委托禅城区公共自行车服务中心负责日常运营和管理。在资费设置上，采取第 1 小时内免费，第 1 小时至第 2 小时收取 1 元租车服务费，第 2 小时至第 3 小时收取 2 元租车服务费，3 小时以后按每小时 3 元累加计费的计费方式，鼓励市民采取绿色低碳出行方式。

（五）杭州市：全面推进低碳生活

1. 下城区积极开展创建低碳社区试点

2010 年以来，杭州市下城区积极探索并实践低碳社区建设工作，通过组织化发动、项目化运作、实事化推动的举措，形成一套行之有效的"政府推动、社区主体、部门联动、全民参与"的长效工作机制，通过动员、引导和示范，实现了社会力量广泛参与、人民群众积极共建的新格局。在低碳社区试点工作过程中，下城区着力抓好"调查摸底、组织实施、检查验收和总结"

三个阶段，有序推进低碳社区建设工作。

调查摸底。创建低碳社区试点工作面临涉及面广、入户调查难度大的问题，下城区各街道社区发挥社区"66810"机制、片组户网格式管理等优势，发动楼道党员、社工、志愿者，把《创建低碳社区基本情况调查表》和《家庭调查表》送到各家各户进行数据采集。

组织实施。一是加强组织领导。建立由区、街道和社区共同组织的指导组，除各级领导担任成员以外，还将辖区楼宇企业、物业公司及停车管理员等人员也纳入到创建工作中来，做到职责明确，责任落实，形成工作合力。二是健全工作机制。为了及时掌握试点工作开展情况，建立召开工作领导小组会议、工作例会、现场检查指导和月报等制度，明确各部门、街道、社区的责任，及时研究解决试点创建工作中出现的新情况、新问题，确保工作任务得以落实。三是注重有序推进。区政府和试点社区都制定专门的"低碳社区创建活动"工作计划和实施方案。四是开展低碳活动。结合"科技周"、"环境日"、"科普日"、"元宵灯会"、"志愿者服务日"、"邻居节"、"植树节"和学生寒暑假等重大节庆假日，组织社区居民、学生和志愿者参与以"低碳节能、生态环保"为主题的低碳系列活动；利用市民学校、科普橱窗、征文演讲、编印图册等阵地，通过电视、广播、报纸、网络等媒体搭建平台等，广泛开展低碳理念宣传，进一步提高居民的低碳科普素质。

验收总结。为了总结经验，巩固建设成果，改进不足，由区科协、科技局、低碳办牵头，制定验收标准。根据开展的各项工作制定《下城区低碳社区验收标准》，指标包括现场考核记录、调查数据汇总、家庭台账、经费开支等 12 种形式。通过对试点社区的低碳设施建设、宣传氛围等实地考察，听取汇报、回答问题、台账检查、走访家庭、电话短信了解等途径，集中汇报打分、作出评价。

2. 杭州低碳科技馆向市民普及低碳知识

全球首家以低碳为主题的大型科技馆——中国杭州低碳科技馆 2012 年 7

月18日上午正式开馆。中国杭州低碳科技馆坐落于钱塘江南岸的滨江区，建筑面积33656平方米，总投资4.05亿元，是一家集低碳科技普及、绿色建筑展示、低碳学术交流与低碳信息传播等服务于一体的专业化科技馆。展馆以"低碳生活，人类必将选择的未来"为主题，设置了"碳的循环"、"全球变暖"、"低碳城市"、"低碳科技"、"低碳生活"、"低碳未来"、"儿童天地"等七个常设展厅，还设有巨幕和球幕两座特种影院以及多个科普实验室。

3. 打造垃圾清洁直运"杭州模式"

开展清洁直运，创新城市垃圾集疏运模式，形成城市垃圾处理一体化格局。为深入实施"环境立市"战略，打造"国内最清洁城市"，早在2009年就确立了以"直运为主、中转为辅，焚烧为主、填埋为辅，分散为主、集中为辅"的城市垃圾处理原则，在杭州不再新建垃圾中转站，推行垃圾清洁直运。清洁直运有三种创新模式：桶车直运模式、厢车直运模式和车车直运模式。杭州城市生活垃圾集疏运体系完善，实现杭州城区垃圾收集运一体化、主城区垃圾中转站零增长、因垃圾处置问题而引发群体性事件零发生、垃圾分类投放零突破。垃圾清洁直运"杭州模式"在全国广受瞩目，清洁直运"杭州模式"基本形成。

清洁直运大大减少二氧化碳排放。每增加一条直运线路，可使垃圾运输中转环节从原来的5个减少到2个，减少垃圾中转量8.4吨/日，减少垃圾运输里程10公里/日，减少二氧化碳排放0.063吨。平均每减少一座垃圾中转站，减少垃圾中转约36吨，减少垃圾在中转站停留时间6小时，约减排二氧化碳0.27吨。目前杭州主城区平均每天垃圾直运量2800吨，减少垃圾暴露时间大约6个小时，减少二氧化碳排放约21吨/日。同时，可减少进入城市污水管网高浓度垃圾渗滤液约224吨/天，COD减排4.48吨/日。

"天子岭填埋作业法"减少二氧化碳排放。填埋场作业面积由2500m²减少到2000m²，减少暴露面积500m²，理论上相当于每天减少二氧化碳排放量约为7.50吨。每年可以减少土石方用量45万吨，节约库容25万m³；年节约库容建设投资 800 余万元。如果以杭州第二垃圾填埋场设计使用年限 24.5 年计，则采用新工艺后，可以延长使用年限约 6.5 年，节约新项目建设财务成本约 240 万元/年。每年分流雨水约 13 万立方米，以一级排放标准节约费用 800 万元。

污水处理厂减少化学需氧量排放。杭州天子岭第二垃圾填埋场垃圾渗滤液提标技改工程 GZBS 新技术将垃圾渗滤液由 COD15000mg/L 降至 60mg/L 以下，以每天 COD 减排量为 22.41 吨计，相当于 29.88 万人每天的生活源 COD 排放量（人均 COD 产生量为 75 克/天），每年 COD 减排总量为 8179.65 吨。老污水处理厂每天 COD 减排量为 21.00 吨计，相当于 28 万人每天的生活源 COD 排放量。

沼气发电厂减少二氧化碳排放。由杭州市环境集团自行组织建设的杭州第二垃圾填埋场沼气发电厂，每天处理填埋气体 4.00 万立方米左右，每天的二氧化碳减排量为 352.80 吨。1998 年，公司与美国惠民集团（现为法国威立雅环境集团）采用 BOT 合作成立的国内第一家城市生活垃圾填埋气体发电厂——中佳沼气发电厂，平均每天日处理填埋气体 5 万立方米，每天的二氧化碳减排量为 367.50 吨。

生态公园、城投林增加碳汇。生态公园（一期）总绿化面积约 8 万平方米，一公顷草皮每天吸收二氧化碳数量约 0.9 吨，生态公园每天的二氧化碳减排量为 7.2 吨。城投林总绿化面积约 1 万平方米，一公顷森林每天吸收二氧化碳 0.0356 吨。

综上估算，杭州市环境集团每年总碳减排量可达到 3.11 万吨，相当于 12 个杭州植物园一年的碳汇量。可见，杭州垃圾低碳化的处理模式应对予以大力推广。

三、加快促进实现全民低碳的主要措施

全面推行低碳生活方式，加快推进低碳城市、低碳园区、低碳社区、低碳学校、低碳家庭等低碳示范载体建设，促进居民生活全面低碳化转型，意义重大。从具体措施上看，一是要加强公共宣传，强化居民低碳意识；二是加强教育培训，规范低碳行为方式，让人们践行低碳生活有现实模式和方法借鉴与参考；三是加强政策鼓励，引导居民积极参与；四是完善设施配套，推进低碳设施建设。

（一）加强公共宣传，推行全民低碳意识

要充分运用各种宣传渠道，包括报纸、广播、电视、网络等进行低碳宣传，增强各类社会主体的低碳意识，在全社会普及低碳理念，明确低碳责任和义务，构建起低碳价值理念。一是通过文字、图片、影像及观众互动等多种形式，宣传应对气候变化科学知识、气候变化国际谈判历程及我国积极应对气候变化的政策与行动，让居民了解全球低碳和我国低碳发展的背景和紧迫性。二是通过多种方式和渠道向公众宣传低碳常识，特别是低碳生活的健康意义和重要性，深化大众对低碳生活的认识。三是定期和非定期开展低碳宣传日和低碳周、低碳主题活动，在全国范围内掀起一股推广绿色生活方式和消费模式的热潮，倡导文明、节约、绿色、低碳消费理念，让大众真正意识到低碳进入生活点滴之中的价值所在。

（二）加强教育培训，规范低碳行为方式

要开展多种类型、不同层次的低碳教育和培训班。目前，越来越多的人意识到低碳生活的重要性，但是在日常工作和生活中如何实践低碳行为，如

何科学有效地践行低碳方式，往往成为一个技术性障碍。为此，各级政府部分要积极牵头，通过政策和资金引导，支持官办和民办、公益性机构等多投资主体开展低碳教育培训课程，让更多人不但树立起低碳意识，还要学会如何践行低碳生活。

（三）加强政策鼓励，引导居民积极参与

对积极参与低碳行动的个体、单位给予荣誉称号、奖金、积分优惠等不同方式的鼓励，引导广大居民参与各种类型的低碳活动。相反，对不同情节的非低碳行为要通过批评教育、罚款甚至刑事处分等不同层次的处罚。同时，国家财政可通过补贴或税收减免等方式，积极鼓励企业生产低碳产品以及低碳产品促销，积极引导居民低碳消费。显然，通过多种鼓励手段，引导城乡居民全民行动参与低碳消费，践行低碳生活，形成低碳风尚，能起到较好政策杠杆作用。

（四）完善设施配套，推进低碳社区建设

运用规划、科技、管理等多种手段，致力于建设低碳社区建设。其中，重点要完善低碳配套设施。例如，社区提供公共租用自行车，实行"绿色交通计划"，倡导健康环保的生活方式，提倡在生活圈内步行、骑自行车等；建成以居住区公园为中心，街头公园、绿色走廊为骨架，组团绿化为主体的绿地体系；在社区医院、酒店、会所、办公楼、恒温游泳馆等公共建筑中，全部采用了水源热泵技术和太阳能热水技术；在社区科学规划了生活垃圾生化处理机房，厨房垃圾进入生活垃圾生化处理机进行，试行分类回收。

（五）强化服务支撑，完善低碳生活方式

通过财政、税收、金融、土地等多方面政策优惠或鼓励，积极引导为低

碳生活提供技术指导、咨询服务、评估监测、低碳产品供给和安装等方面的服务业发展，为老百姓的低碳生活提供综合服务保障。现阶段，节能环保服务业已经有了一定的发展，但是大多是为工业企业服务，专门为居民生活提供有针对性的低碳指导和服务的企业或社会组织还不多，今后要大力鼓励和引导这类服务机构发展。可以探索以政府政策扶持引导、企业市场化运作、社会组织等非营利性机构参与、城乡社区服务站配合支持等为一体的多方联动的方式促进为居民提供低碳生活服务的服务业逐渐发展壮大起来，促进低碳生活无时不有，无处不在。

第九章

全面推进我国低碳发展的对策思路

当前，在全球经济增速减缓、世界主要经济体谋求复苏的背景下，作为经济增长的新引擎和实现跨越发展的重要途径，发展低碳经济成为世界各国抢占未来制高点的重要战略选择之一。同时，在绿色革命思潮与运动下，全球经济日益全面趋向低碳转型。在中国，将继续坚持以科学发展观为指导，促进经济社会发展全面走向低碳转型，走上一条绿色、低碳、可持续的发展道路，持续提高资源利用效率和应对气候变化能力，全面构建生态文明体系。具体地，在生产领域，节能减排和低碳经济要求以绿色技术为核心的产业结构调整和升级，向传统的高消耗、高排放、高污染产业发出警示信号，时代呼吁产业绿色化发展。在生活领域，以低碳消费、低碳出行、低碳居住等为中心的低碳行为要求未来积极倡导并实践环保、节俭、安全、健康的生活方式。在政策层面上，需要进一步完善各类低碳政策，积极引导全社会各领域低碳发展。

一、完善低碳政策体系积极发挥政策效应

目前，我国各级政府层面已经出台了一系列的关于环保和低碳发展的政

策，下一步需要加快梳理，进一步完善形成低碳政策体系，形成"自上而下"完整的政策链，积极发挥政策在低碳发展领域引导、约束和激励的综合效应。

（一）加快厘清形成低碳发展政策体系

目前各级政府层面出台了不少指导绿色低碳发展的政策文件，为积极引导我国低碳发展起到了重要作用。但是现实情况是各部门出台了很多政策，相互交叉，相互影响，政策的执行者往往头绪较乱，尤其是基层政府、企业层面，在践行低碳发展的过程中，很难在短时间内熟知从上而下各级政府部门的低碳政策及有关要求。为此，下一步需要进一步从行政主体角度厘清我国的低碳政策体系，为部门、企业、社会组织及个人在实践中对低碳政策要求有更清晰的认识。当然，除此之外，还要根据我国低碳发展的实践以及世界低碳发展的前沿动态，不断完善各级政府各部门相关的政策。一是需要党中央、国务院从国家战略发展的角度，自上而下地定期出台、制定引导我国低碳发展的指导意见、行动纲领、法律法规、政策条款。二是地方政府要根据地方发展的差异性，在国家大政方针的引导下进一步制定、细化适宜地区发展的低碳政策，在中观层面搞好政策研究和政策制定工作。三是各单位、社会组织、企业及个人等低碳践行者，要结合自身在低碳实践中的经验教训，对现行的低碳政策自下而上地建言献策，为不断完善各类低碳政策出谋划策。

（二）不断破除影响低碳发展的政策性障碍

改革开放 30 多年来，我国的工业化和城镇化均经历了快速发展的重要阶段，有效支撑了我国国民经济社会的发展。在贫穷落后的年代，作为发展中大国，我们为了促进发展、增加就业、脱贫致富，一段时期内经济发展方式较为粗放。当前，改革开放取得了巨大的成效，业已开启了繁荣富强和伟大复兴的新篇章，在国内外发展环境发生巨变的背景下，有必要对过去旨在加快经济增长的一些政策条件进行修缮，进一步破除约束、阻碍或制约低碳发展的政策性因素，包括直接和间接影响低碳发展的所有政策及其配套文件。例如，在新技术条件下，过去一段时间内积极鼓励发展的产业、生产方式、生活方式、消费方式、建筑方式、能耗方式等，目前看已经落后了、非低碳化了，就要加快废止现行的与之有关的产业政策、财税政策、金融政策、就业政策等方面的条款、文件。

（三）进一步完善低碳发展的各项激励政策

通过政策手段激励和引导各类低碳行为主体践行低碳方法和措施，是促进低碳发展的重要政策手段。近年来我国低碳发展取得的巨大的成效离不开各方面的低碳激励政策引导作用，未来还需要进一步加大这方面的政策引导，特别是对一些薄弱环节，例如在低碳技术研发、低碳循环经济模式创新、低碳能源推广等方面要加强政策激励。今后，要在现有低碳激励政策基础上，根据经济社会发展的需要，进一步加强在产业发展、低碳能源、低碳交通、低碳生活、碳汇增加、碳交易、低碳技术研发、低碳工艺创新等领域通过财政、税收、金融、土地、贸易、保险、投资、价格、科技创新等优惠和激励政策，引导全社会低碳化发展。进一步细化每一类别的激励政策，使得在引导低碳发展上更有针对性和操作性，增强政策作用。

（四）继续严格各项逆低碳发展的惩罚措施

虽然，近年来低碳发展取得了明显的可喜的进步，在低碳发展模式和体制机制上有了新的探索和创新，但是长期以来的粗放式的发展导致的非低碳惯性较强，对诸多高能耗、高碳排的行为难以在较短时间内一下子禁止禁行，为此还需要继续严格实施各类遏制低碳发展的惩罚性政策措施。特别是在产业领域，要严格淘汰和限制落后工业产能，按照国家规定及重点用能行业单位产品能耗限额标准，淘汰浪费资源能源、污染严重的企业和落后的生产能力、工艺、设备及产品，在区域层面上严格禁止被淘汰的生产装置和设备向欠发达地区或农村转移，对产业指导目录严格指明淘汰的要坚决淘汰，不留生存空间，对违反规定的加强行政处罚力度。除此之外，在建筑、交通、消费等领域一样，要通过惩罚措施对那些违背低碳发展政策的行为实施严格监测、审查、处分等，同时对相关主体加强低碳发展的教育与培训。

二、全面推进我国低碳发展的总体思路

低碳发展是绿色革命的关键，是生态文明制度构建的重要任务，对于中国这样的发展中大国，要促进实现全社会低碳化发展不可能一蹴而就，需要在各项政策引导下，通过综合措施，多方位、全领域地长期引导和践行。

（一）建立低碳行动的全民参与机制

明确推进低碳发展的全民参与性质，建立起以低碳发展为理念，以低碳生活为导向，以低碳生产为重点，以市场为基础、政府为引导、企业为主体、全民参与的低碳发展机制。政府要加强对低碳发展的总体思路、重点任务部署和相关配套政策的制定，积极引导全社会参与低碳实践；企业在各类成功的低碳模式框架下，以低碳发展为导向，全面推行低碳技术、低碳工艺和低碳生产；个人则要在衣、食、住、行等各方面按照低碳生活的基本要求，做到节能、节约生活。现阶段，各级政府需要加大宣传力度，加强低碳发展的规划引导，强化法制建设与行政干预，加大宣传与培训力度，积极培育低碳文化，全面构建以低碳城市（镇）、低碳园区、低碳社区、低碳建筑、低碳交通、低碳企业、低碳机关、低碳家庭等为载体的低碳示范体系，从个人、家庭、社区、企业、园区等不同层面推进低碳生产和生活，使低碳发展成为全行业和社会公众的自觉行动，引导在全社会逐渐形成低碳发展的全民参与建设机制。

（二）积极推进低碳转型的全方位创新

通过创新实践促进低碳转型与发展，包括科技创新、组织创新、建设模式创新、管理体制机制创新等多领域的全方位创新。一是以企业技术创新为重点。采取财政贴息、加速折旧、税收优惠等多种综合措施，鼓励企业加大研发投入，以科技创新带动节能减排和低碳生产。二是大力推动产业组织创新，促进不同区域、不同产业、不同企业之间实现资源优化配置，提高资源利用效率，降低生态成本，提高经济效率。三是城镇建设领域的创新。按照低碳、生态、紧凑、舒适的要求，统筹规划城乡建设，加强城中村、边缘区整治和老城区、老建筑的节能改造，高起点、高标准、高质量推进低碳型新城区建设，不断优化城市形态和空间结构。四是强化管理体制机制创新。构建低碳转型政策体系和低碳考核指标体系，实施政府低碳绿色化的采购，从各个层面加快推动形成有利于低碳转型与发展的新机制、新体制。

（三）强化低碳发展的支撑体系建设

从泛义上说，一切支撑和保障低碳发展的手段、措施、政策和方法都是低碳发展的支撑体系，这里主要从狭义上低碳发展配套服务的角度强调低碳发展的支撑。一是低碳人才队伍建设。人才是生产力进步的原动力，是开发低碳技术和低碳产品、促进低碳发展的关键。为此，要把培育低碳技术人才放到重要战略定位。今后要依托高校与科研院所以及职业教育学校，积极开展低碳领域的专业课程或专业学位，培育、建设能在低碳技术、低碳能源、低碳政策管理、低碳战略制定领域有潜力的人才队伍。二是要制定完善我国各领域的低碳技术标准，积极参与制度低碳技术国际标准。低碳技术标准制定对低碳发展具有明确的指导和引导作用。今后，一方面，加强标准研究，积极参与国际标准制定，特别是提高话语权，争取在一些关键领域能发挥到标准引导作用；另一方面，参照国际标准，要逐步完善国内的低碳技术标准，使得相关技术规则和标准成熟化。三是完善研究支撑体系。通过各类政策引导，加大人、财、物的投入力度，引导各类研发机构开展低碳理论、低碳技术、低碳产业、低碳生活、低碳管理、低碳模式、低碳战略研究，依托重点研究项目和研究机构建立一批低碳研究基地，使得低碳研究常态化、机制化，为低碳转型与发展提供全方位的知识指导。

（四）继续深化国际交流合作

气候变化问题的全球性、长期性和外部性特征决定了应对气候变化、加快低碳转型与发展需要持续加强国际谈判、交流与合作。一是积极参与应对气候变化的国际谈判，既要担当起大国在低碳减排上的责任，同时也要立足我国基本国情竭力维护国家的整体发展利益。二是积极搭建各类平台，深化与各国在低碳发展领域的交流与合作，一方面要积极引进国际上先进特别是发达国家较为先进的低碳技术、低碳发展模式、低碳实践经验、低碳管理方法与政策措施等，另一方面也要吸取国际上一些非低碳化发展的教训，防止类似的发展方式在我国重蹈覆辙，同时，也要积极把我国成功的低碳发展模式输送出去，为全球的低碳转型与发展做出应有的贡献。三是在国际交流与合作的方式上，可以是技术共同研发、理论与政策共同研讨、低碳发展模式共同实践、低碳知识与标准的共同制定等。四是在国际交流与合作主体上，国际性组织率先引导各国政府先行合作，中国政府要积极参与各种类型的国别合作，同时通过多种手段积极鼓励我国的企业、研究机构、社会组织等各类主体走出去，开展低碳领域多种形式、多种方式、多种领域的交流与合作。

三、低碳中国展望：担当大国责任与全域低碳发展格局

一直以来，中国积极响应国际低碳行动号召，主动参与低碳国际规则制

定，加强与发达国家的低碳交流，向其他发展中国家提供低碳援助；在国内，全国上下一致从各领域全面推进低碳发展。可以预见，未来在低碳试点的基础上，积极总结低碳试点地区和城市的成功经验，加快低碳发展从试点到示范到低碳发展全面推广的进程，全面构建低碳中国指日可待。

（一）明确低碳发展总体目标

目前，我国政府已经明确了到 2015 年二氧化碳减排的阶段目标以及 2020 年低碳发展领域的总体目标；各地区在国家低碳发展战略总体部署下，也已明确相应的低碳分解责任及减排目标。可以预见，在全国上下共同努力下，我国低碳发展将取得更大的成效，为全球气候变化做出积极贡献。

1. "十二五"规划期间目标与行动计划

2010 年 10 月 18 日，中共中央十七届五中全会通过《中共中央关于第十二个五年规划的建议》，提出树立绿色、低碳发展理念，积极应对全球气候变化，把大幅降低能源消耗强度和二氧化碳排放强度作为约束性指标，有效控制温室气体排放；推动能源生产和利用方式变革，构建安全、稳定、经济、清洁的现代能源产业体系，单位国内生产总值能耗和二氧化碳排放分别降低 16% 和 17%。

2011 年 3 月，《中华人民共和国国民经济和社会发展第十二个五年规划纲要》提出"十二五"时期中国应对气候变化约束性目标："到 2015 年，单位国内生产总值二氧化碳排放比 2010 年下降 17%，单位国内生产总值能耗比 2010 年下降 16%，非化石能源占一次能源消费比重达到 11.4%，新增森林面积 1250 万公顷，森林覆盖率提高到 21.66%，森林蓄积量增加 6 亿立方米。"这充分彰显了中央政府推动低碳发展、积极应对气候变化的决心。

2011 年 8 月，国务院发布《关于印发"十二五"节能减排综合性工作方案的通知》（国发〔2011〕26 号），明确指出，到 2015 年全国万元国内生产总值能耗下降到 0.869 吨标准煤（按 2005 年价格计算），比 2010 年的 1.034

吨标准煤下降 16%，比 2005 年的 1.276 吨标准煤下降 32%；"十二五"期间，实现节约能源 6.7 亿吨标准煤。具体工作上，一是强化节能减排目标责任，包括合理分解节能减排指标，健全节能减排统计、监测和考核体系，加强目标责任评价考核；二是要调整优化产业结构，包括抑制高耗能、高排放行业过快增长，加快淘汰落后产能，推动传统产业改造升级，调整能源结构，提高服务业和战略性新兴产业在国民经济中的比重；三是要实施节能减排重点工程，包括实施节能重点工程，实施污染物减排重点工程，实施循环经济重点工程，多渠道筹措节能减排资金；四是加强节能减排管理，包括合理控制能源消费总量，强化重点用能单位节能管理，加强工业节能减排，推动建筑节能，推进交通运输节能减排，促进农业和农村节能减排，推动商业和民用节能，加强公共机构节能减排；五是大力发展循环经济，包括加强对发展循环经济的宏观指导，全面推行清洁生产，推进资源综合利用，加快资源再生利用产业化，促进垃圾资源化利用，推进节水型社会建设；六是加快节能减排技术开发和推广应用，包括加快节能减排共性和关键技术研发，加大节能减排技术产业化示范，加快节能减排技术推广应用；七是完善节能减排经济政策，包括推进价格和环保收费改革，完善财政激励政策，健全税收支持政策，强化金融支持力度；八是强化节能减排监督检查，包括健全节能环保法律法规，严格节能评估审查和环境影响评价制度，加强重点污染源和治理设施运行监管，加强节能减排执法监督；九是推广节能减排市场化机制，包括加大能效标识和节能环保产品认证实施力度，建立"领跑者"标准制度，加强节能发电调度和电力需求侧管理，加快推行合同能源管理，推进排污权和碳排放权交易试点，推行污染治理设施建设运行特许经营；十是加强节能减排基础工作和能力建设，包括加快节能环保标准体系建设和强化节能减排管理能力建设；十一是动员全社会参与节能减排，包括加强节能减排宣传教育，深入开展节能减排全民行动，政府机关带头节能减排等。其中，明确各地区"十二五"期间的节能目标（见表 9-1）。

表 9 – 1　　　　　　　　　"十二五"各地区节能目标

地区	单位国内生产总值能耗降低率（%）		
	"十一五"时期	"十二五"时期	2006～2015 年累计
全国	19.06	16	32.01
北京	26.59	17	39.07
天津	21.00	18	35.22
河北	20.11	17	33.69
山西	22.66	16	35.03
内蒙古	22.62	15	34.23
辽宁	20.01	17	33.61
吉林	22.04	16	34.51
黑龙江	20.79	16	33.46
上海	20.00	18	34.40
江苏	20.45	18	34.77
浙江	20.01	18	34.41
安徽	20.36	16	33.10
福建	16.45	16	29.82
江西	20.04	16	32.83
山东	22.09	17	35.33
河南	20.12	16	32.90
湖北	21.67	16	34.20
湖南	20.43	16	33.16
广东	16.42	18	31.46
广西	15.22	15	27.94
海南	12.14	10	20.93
重庆	20.95	16	33.60
四川	20.31	16	33.06
贵州	20.06	15	32.05
云南	17.41	15	29.80
西藏	12.00	10	20.80
陕西	20.25	16	33.01
甘肃	20.26	15	32.22
青海	17.04	10	25.34
宁夏	20.09	15	32.08
新疆	8.91	10	18.02

　　2011 年 11 月，国务院新闻办公室发表《中国应对气候变化的政策与行动（2011）》白皮书，指出"十二五"期间，"中国将把积极应对全球气候变化作为经济社会发展的一项重要任务，坚持以科学发展为主题，以加快转变经济发展方式为主线，牢固树立绿色、低碳发展理念，把积极应对气候变化作为经济社会发展的重大战略、作为调整经济结构和转变经济发展方式的重大机遇，坚持走新型工业化道路，合理控制能源消费总量，综合运用优化产业结构和能源结构、节约能源和提高能效、增加碳汇等多种手段，有效控制温室气体排放，提高应对气候变化能力，广泛开展气候变化领域国际合作，促进经济社会可持续发展"。在政策行动方面，提出了十一大任务，加强法制建设和战略规划、加快经济结构调整、优化能源结构和发展清洁能源、继续实施节能重点工程、大力发展循环经济、扎实推进低碳试点、逐步建立碳排放交易市场、增加碳汇、提高适应气候变化能力、继续加强能力建设和全方位开展国际合作。

　　2011 年 12 月，国务院发布《关于印发"十二五"控制温室气体排放工作方案的通知》（国发〔2011〕41 号），指出控制温室气体排放是中国积极应对全球气候变化的重要任务，将大力开展节能降耗，优化能源结构，努力增加碳汇，加快形成以低碳为特征的产业体系和生活方式，到 2015 年全国单位国内生产总值二氧化碳排放比 2010 年下降 17%，同时明确了各地区二氧化碳下降指标（见表 9-2）。控制非能源活动二氧化碳排放和甲烷、氧化亚氮、氢氟碳化物、全氟化碳、六氟化硫等温室气体排放取得成效。应对气候变化政策体系、体制机制进一步完善，温室气体排放统计核算体系基本建立，碳排放交易市场逐步形成。通过低碳试验试点，形成一批各具特色的低碳省区和城市，建成一批具有典型示范意义的低碳园区和低碳社区，推广一批具有良好减排效果的低碳技术和产品，控制温室气体排放能力得到全面提升。

表 9 − 2　"十二五"各地区单位国内生产总值二氧化碳排放相比 2010 年下降指标

地区	单位国内生产总值二氧化碳排放下降（%）	单位国内生产总值能源消耗下降（%）
北京	18	17
天津	19	18
河北	18	17
山西	17	16
内蒙古	16	15
辽宁	18	17
吉林	17	16
黑龙江	16	16
上海	19	18
江苏	19	18
浙江	19	18
安徽	17	16
福建	17.5	16
江西	17	16
山东	18	17
河南	17	16
湖北	17	16
湖南	17	16
广东	19.5	18
广西	16	15
海南	11	10
重庆	17	16
四川	17.5	16
贵州	16	15
云南	16.5	15
西藏	10	10
陕西	17	16
甘肃	16	15
青海	10	10
宁夏	16	15
新疆	11	10

2. 2020 年目标展望

早在 2009 年 9 月 22 日，在纽约联合国气候变化峰会开幕式上，时任国家主席胡锦涛同志发表题为《携手应对气候变化挑战》的重要讲话，向全世界宣布：中国将进一步把应对气候变化纳入经济社会发展规划，并继续采取强有力的措施。一是加强节能，提高能效工作，争取到 2020 年单位国内生产总值二氧化碳排放比 2005 年有显著下降。二是大力发展可再生能源和核能，争取到 2020 年非化石能源占一次能源消费比重达到 15% 左右。三是大力增加森林碳汇，争取到 2020 年森林面积比 2005 年增加 4000 万公顷，森林蓄积量比 2005 年增加 13 亿立方米。四是大力发展绿色经济，积极发展低碳经济和循环经济，研发和推广气候友好技术。

在 2012 年 11 月中国共产党十八大召开以来，新一届国家领导集体明确表示，中国将继续坚持以科学发展观为指导，加快构建生态文明体系。当前及今后一段时间内，将在切实转变发展方式的基础上，加快促进经济社会发展全面走向低碳转型，走上一条绿色、低碳、可持续的发展道路，持续提高资源利用效率和应对气候变化能力。在生产领域，节能减排和低碳经济要求以绿色技术为核心的产业结构不断得到调整和升级，向传统的高消耗、高排放、高污染产业发出警示信号，时代呼吁产业绿色化发展。在生活领域，以低碳消费、低碳出行、低碳居住等为中心的低碳行为要求未来积极倡导并实践环保、节俭、安全、健康的生活方式。可以预见，中国有能力兑现 2009 年哥本哈根气候变化大会上的承诺，即到 2020 年，非化石能源在整体能源消费中所占比例达到 15%，单位国内生产总值二氧化碳排放在 2005 年的基础上减少 40% ~45%。在以科学发展观为统领的低碳中国，未来的低碳政策将趋于完善，国家低碳领导能力将不断增强；基于多样的低碳实践与发展模式，从低碳试点到国土全域低碳发展格局逐渐形成；随着生态文明体系的健全，低碳价值观趋于完备。

（二）低碳试点有序稳步推进到国土全域低碳

根据《中国应对气候变化的政策与行动》白皮书（2011～2013年度），我国低碳试点工作有序稳步推进。

2010年，扎实推进低碳试点。组织试点省区和城市编制低碳发展规划，积极探索具有本地区特色的低碳发展模式，率先形成有利于低碳发展的政策体系和体制机制，加快建立以低碳为特征的产业体系和消费模式。组织开展低碳产业园区、低碳社区和低碳商业试点。

2011年，开展低碳发展试验试点，继续推进低碳省区和城市试点，启动碳排放交易试点，开展低碳产品、低碳交通运输体系、绿色重点小城镇试点，探索不同地区、不同行业绿色低碳发展的经验和模式。

2012年以来，通过继续推进低碳省区和低碳城市试点，稳步推进碳排放交易试点，研究开展低碳产品、低碳社区等试点示范，为进一步推动应对气候变化和低碳发展积累了丰富经验，奠定了坚实基础。第一批"五省八市"低碳试点取得积极进展，各试点省区和城市研究制定加快推进低碳发展的政策措施，创新体制机制，围绕优化能源结构，推动产业、交通、建筑领域低碳发展，引导碳生活方式，增加林业碳汇，开展了一系列重大行动，实施了一批重点工程，取得了明显成效。2012年，国家又确定在北京市、上海市、海南省和石家庄市等29个省市开展第二批低碳省区和低碳城市试点工作，各试点地区积极明确工作方向和原则要求，编制低碳发展规划，探索适合本地区的低碳绿色发展模式，构建以低碳、绿色、环保、循环为特征的低碳产业体系，建立温室气体排放数据统计和管理体系，确立控制温室气体排放目标责任制，积极倡导低碳绿色生活方式和消费模式，部分试点地区还提出了温室气体排放总量控制目标和排放峰值年目标。

可以预见，随着低碳工作的深化推进，低碳标准、低碳机制、低碳政策、低碳模式、低碳方式、低碳路径、低碳市场日益完善，低碳产业、低碳交通、低碳建筑、低碳交易、低碳生活、碳汇增加等日益成熟，各地区因地制宜将走差异化的具有不同特色的低碳发展道路，并在深化交流过程中向全国其他地方示范和推广应用。不久的将来，我国国土将实现全域的低碳发展。

（三）构建和谐统一的生态文明体系

低碳发展是推进绿色发展、构建生态文明的关键，随着低碳发展的深化推进和全国各领域、各地区的全面实现低碳转型，最终目标就是促进绿色发展与繁荣，在全国范围内构建和谐统一的生态文明体系。

对于生态文明建设，在我国早有提及，并出台具体指导意见。2008年12月，环境保护部就发布《关于推进生态文明建设的指导意见》（环发〔2008〕126号），指出要"全面落实科学发展观，加快推进环境保护历史性转变，发展生态经济和循环经济，建立可持续的生产方式；加强生态环境保护与建设，维护生态平衡；强化城乡环境治理，改善人居生态环境；努力培育生态文化，积极倡导文明消费方式。加快推进体制、机制创新，动员全社会力量共同建设生态文明，努力建设资源节约型、环境友好型社会"。同时提出："建设生态文明必须大力发展生态经济，强化生态文明建设的产业支撑体系；必须加强生态环境保护和建设，构建生态文明建设的环境安全体系；必须促进人与自然和谐，倡导生态文明的生活方式；要广泛宣传发动，建立生态文明的道德文化体系；要健全长效机制，完善生态文明建设的保障措施。"该指导意见为各地区加快推进生态文明建设提供了主要方向、重点领域和实施措施等。

2012年11月，党的十八大报告中提出，必须更加自觉地把全面协调可持续作为深入贯彻落实科学发展观的基本要求，全面落实经济建设、政治建设、文化建设、社会建设、生态文明建设五位一体总体布局。把生态文明建设提高到"五位一体"总体布局的战略高度。其中，在报告的第八部分，专门提出"大力推进生态文明建设"，指出"建设生态文明，是关系人民福祉、关乎民族未来的长远大计。面对资源约束趋紧、环境污染严重、生态系统退化的严峻形势，必须树立尊重自然、顺应自然、保护自然的生态文明理念，把生态文明建设放在突出地位，融入经济建设、政治建设、文化建设、社会建设各方面和全过程，努力建设美丽中国，实现中华民族永续发展"。要"坚持节约资源和保护环境的基本国策，坚持节约优先、保护优先、自然恢复为主的方针，着力推进绿色发展、循环发展、低碳发展，形成节约资源和保护环境的空间格局、产业结构、生产方式、生活方式，从源头上扭转生态环境恶化趋势，为人民创造良好生产生活环境，为全球生态安全作出贡献"。具体地，就是要优化国土空间开发格局、全面促进资源节约、加大自然生态系统和环境保护力度、加强生态文明制度建设。其中，生态文明制度建设，包括：保护生态环境必须依靠制度，要把资源消耗、环境损害、生态效益纳入经济社会发展评价体系，建立体现生态文明要求的目标体系、考核办法、奖惩机制。建立国土空间开发保护制度，完善最严格的耕地保护制度、水资源管理制度、环境保护制度。深化资源性产品价格和税费改革，建立反映市场供求和资源稀缺程度、体现生态价值和代际补偿的资源有偿使用制度和生态补偿制度。积极开展节能量、碳排放权、排污权、水权交易试点。加强环境监管，健全生态环境保护责任追究制度和环境损害赔偿制度。加强生态文明宣传教育，增强全民节约意识、环保意识、生态意识，形成合理消费的社会风尚，营造爱护生态环境的良好风气。

2013 年 1 月，环境保护部发布了关于印发《全国生态保护"十二五"规划》的通知（环发〔2013〕13 号），在主要任务中明确提出要全面推进生态文明示范建设，深化生态建设示范区建设和管理，深入开展生态文明建设试点，开展生态文明水平评估。2013 年 8 月，国务院发布《关于加快发展节能环保产业的意见》（国发〔2013〕30 号），提出要开展生态文明先行先试。在做好生态文明建设顶层设计和总体部署的同时，总结有效做法和成功经验，开展生态文明先行示范区建设。根据不同区域特点，在全国选择有代表性的100 个地区开展生态文明先行示范区建设，探索符合我国国情的生态文明建设模式。稳步扩大节能减排财政政策综合示范范围，结合新型城镇化建设，选择部分城市为平台，整合节能减排和新能源发展相关财政政策，围绕产业低碳化、交通清洁化、建筑绿色化、服务集约化、主要污染物减量化、可再生能源利用规模化等挖掘内需潜力，系统推进节能减排，带动经济转型升级，为跨区域、跨流域节能减排探索积累经验。通过先行先试，带动节能环保和循环经济工程投资和绿色消费，全面推动资源节约和环境保护，发挥典型带动和辐射效应，形成节能减排、生态文明的综合能力。

2013 年 11 月，中国共产党第十八届中央委员会第三次全体会议通过的《中共中央关于全面深化改革若干重大问题的决定》中，专门指出要"加快生态文明制度建设"，认为"建设生态文明，必须建立系统完整的生态文明制度体系，实行最严格的源头保护制度、损害赔偿制度、责任追究制度，完善环境治理和生态修复制度，用制度保护生态环境"。具体地，就是要健全自然资源资产产权制度和用途管制制度、划定生态保护红线、实行资源有偿使用制度和生态补偿制度、改革生态环境保护管理体制。

可以预见，随着生态文明制度建设步伐的加快，全国大力推进生态文明建设，未来我国将全面建成生态文明体系。现阶段，在城乡统筹和新型城镇化战略下，需要以科学发展观为指导，坚持全面、协调与可持续发展的基本原则，加快建立集中体现人、经济、社会与自然和谐统一的生态文明体系，为城镇化绿色转型提供强有力的支撑。一是形成以资源节约与环境保护为核心、体现人与自然和谐统一的生态文明观，营造良好的生态文化氛围，提升全民生态意识，构筑生态意识文明体系。二是全面推进资源节约型与环境友好型社会建设，在全社会形成绿色生产和绿色生活的风尚，倡导生产方式、生活方式上的资源节约和环境保护，形成生态行为文明体系。三是加强生态环境整治和建设，提升全民生态文明素质，创造良好的人居环境，构建生态人居文明体系。四是树立"生态为政"的理念，建立高效、廉洁、绿色的行政管理体制，完善各项生态环境规章制度，逐步形成机制完善、保障有力的生态文明制度体系。

国家发展改革委关于开展低碳省区和低碳城市试点工作的通知

（发改气候〔2010〕1587 号）

各省、自治区、直辖市及计划单列市和新疆生产建设兵团发展改革委：

去年 11 月国务院提出我国 2020 年控制温室气体排放行动目标后，各地纷纷主动采取行动落实中央决策部署。不少地方提出发展低碳产业、建设低碳城市、倡导低碳生活，一些省市还向我委申请开展低碳试点工作。积极探索我国工业化城镇化快速发展阶段既发展经济、改善民生又应对气候变化、降低碳强度、推进绿色发展的做法和经验，非常必要。经国务院领导同意，我委将组织开展低碳省区和低碳城市试点工作。现将有关事项通知如下：

一、目的意义

气候变化深刻影响着人类生存和发展，是世界各国共同面临的重大挑战。积极应对气候变化，是我国经济社会发展的一项重大战略，也是加快经济发展方式转变和经济结构调整的重大机遇。我国正处在全面建设小康社会的关键时期和工业化、城镇化加快发展的重要阶段，能源需求还将继续增长，在

资料来源：国家发改委官方网站（http://www.sdpc.gov.cn/zcfb/zcfbtz/2010tz/t20100810_365264.htm）。

发展经济、改善民生的同时，如何有效控制温室气体排放，妥善应对气候变化，是一项全新的课题。我们必须坚持以我为主、从实际出发的方针，立足国情、统筹兼顾、综合规划，加大改革力度、完善体制机制，依靠科技进步、加强示范推广，努力建设以低碳排放为特征的产业体系和消费模式。开展低碳省区和低碳城市的试点，有利于充分调动各方面积极性，有利于积累对不同地区和行业分类指导的工作经验，是推动落实我国控制温室气体排放行动目标的重要抓手。

二、试点范围

根据地方申报情况，统筹考虑各地方的工作基础和试点布局的代表性，经沟通和研究，我委确定首先在广东、辽宁、湖北、陕西、云南五省和天津、重庆、深圳、厦门、杭州、南昌、贵阳、保定八市开展试点工作。

三、具体任务

（一）编制低碳发展规划。试点省和试点城市要将应对气候变化工作全面纳入本地区"十二五"规划，研究制定试点省和试点城市低碳发展规划。要开展调查研究，明确试点思路，发挥规划综合引导作用，将调整产业结构、优化能源结构、节能增效、增加碳汇等工作结合起来，明确提出本地区控制温室气体排放的行动目标、重点任务和具体措施，降低碳排放强度，积极探索低碳绿色发展模式。

（二）制定支持低碳绿色发展的配套政策。试点地区要发挥应对气候变化与节能环保、新能源发展、生态建设等方面的协同效应，积极探索有利于节能减排和低碳产业发展的体制机制，实行控制温室气体排放目标责任制，探索有效的政府引导和经济激励政策，研究运用市场机制推动控制温室气体排放目标的落实。

（三）加快建立以低碳排放为特征的产业体系。试点地区要结合当地产业特色和发展战略，加快低碳技术创新，推进低碳技术研发、示范和产业化，积极运用低碳技术改造提升传统产业，加快发展低碳建筑、低碳交通，培育壮大节能环保、新能源等战略性新兴产业。同时要密切跟踪低碳领域技术进步最新进展，积极推动技术引进消化吸收再创新或与国外的联合研发。

（四）建立温室气体排放数据统计和管理体系。试点地区要加强温室气体排放统计工作，建立完整的数据收集和核算系统，加强能力建设，提供机构和人员保障。

（五）积极倡导低碳绿色生活方式和消费模式。试点地区要举办面向各级、各部门领导干部的培训活动，提高决策、执行等环节对气候变化问题的重视程度和认识水平。大力开展宣传教育普及活动，鼓励低碳生活方式和行为，推广使用低碳产品，弘扬低碳生活理念，推动全民广泛参与和自觉行动。

四、工作要求

低碳试点工作关系经济社会发展全局，需要切实加强领导，抓好落实，务求实效。试点地区要建立由主要领导负责抓总的工作机制，发展改革部门要负责做好相关组织协调工作；辖区内有试点城市的省级发展改革部门，要加强对试点城市的支持和指导，协调解决工作中的困难；试点工作要结合本地实际，突出特色，大胆探索，注重积累成功经验，坚决杜绝概念炒作和搞形象工程。试点地区要抓紧制定工作实施方案，并于 8 月 31 日前报送我委。

我委将与试点地区发展改革部门建立联系机制，加强沟通交流，定期对试点进展情况进行评估，指导开展相关国际合作，加强能力建设，做好服务工作。对于试点地区的成功经验和做法将及时总结，并加以推广示范。

特此通知。

国家发展改革委

二〇一〇年七月十九日

主题词：气候变化 低碳 试点 通知

附录二
试点地区低碳发展或低碳城市建设路线图

随着低碳试点工作的深化推进，不少试点地区或城市针对低碳发展、低碳城市建设出台了专项指导意见、专项规划以及具体实施方案等，旨在按照国家低碳发展的总体部署，明确本地区或城市的低碳发展目标、确定低碳化的基本路线图。本附录根据可获得的各试点地区或城市已公开出台的相关文本①，着重介绍六个特色鲜明、先行示范性较好、具有一定代表性的低碳发展或低碳城市建设路线图。

一、保定市：以"强化低碳理念、发展低碳产业、加强低碳管理、倡导低碳生活"为主要抓手推进低碳城市建设

2010 年 10 月，为深入贯彻落实科学发展观，加快转变经济发展方式，努力探索具有保定特色的低碳城市发展道路，中共保定市委、保定市人民政府出台《关于建设低碳城市的指导意见》，提出：以强化低碳理念、发展低碳产业、加强低碳管理、倡导低碳生活为主要任务，坚持政府推动、规划先行，示范带动、全民参与，突出重点、分步实施的原则，加快转变生产方式和消费模式，积极探索符合保定实际的节能环保、绿色低碳的生态文明发展道路；

---

① 说明：附录参考的部分规划文本来源于互联网，经课题组成员整理得到。

到 2015 年和 2020 年，全市万元 GDP 二氧化碳排放量分别比 2005 年下降 35%
和 48% 左右。

1. 强化低碳理念

宣传普及低碳知识，努力提高公民低碳意识，增强加快低碳城市建设的
自觉性。一是加强教育引导。举办多种形式的知识讲座、图片展览等，强化
低碳知识教育宣传。教育部门要把低碳城市建设及节约资源和保护环境内容
渗透到各级各类学校的教育教学中，培养儿童和青少年的低碳、节约和环保
意识。各级党校要加强对各级干部的教育培训，提高建设低碳城市的认知水
平和执行能力。二是开展全民创建。在全市开展低碳型机关、社区、学校、
医院、企业等创建活动。组织开展低碳宣传进社区、进校园以及低碳单位认
证、低碳产品标识等活动，动员和组织广大市民、企事业单位积极参与低碳
城市建设。三是强化示范带动。选择一批基础条件好的机关、企业、商场、
社区，建立低碳宣传教育基地，面向社会开放。建立低碳示范企业，重点在
清洁生产、节能降耗、资源综合利用等方面进行示范。建立低碳示范园区，
重点在园区生态环境、共用服务设施等方面进行示范。建立低碳示范社区
（村镇），结合社区建设和农村新民居建设，重点在建筑节能改造、新能源和
可再生能源利用、社区绿化等方面进行示范。

2. 发展低碳产业

构建低碳产业支撑体系，大力发展先进制造业、现代服务业、现代农业
等低碳产业，提升产业层次和核心竞争力，推动保定产业结构向低碳化方向
发展。一是大力发展先进制造业。培育壮大新能源及能源设备制造、汽车及
零部件、电子信息等具有保定特色和优势的先进制造业。完善光电、风电、
输变电、储电、节电、电力自动化六大产业体系，推进太阳能光伏发电设备、
风力发电设备、新型储能材料和节电设备等项目建设，打造新能源及能源设
备制造基地（保定·中国电谷）。坚持差别竞争、错位发展，加快新能源汽车
和小排量节能环保汽车的研发、生产，打造汽车及零部件制造基地。推进航

天科工集团（涿州）基地、东方地球物理科技园区等项目建设，打造电子信息产品制造基地。二是全面提升现代服务业。重点发展现代物流、休闲旅游、文化创意、金融服务等产业。三是加快发展现代农业。全面普及应用现代农业生产技术，提高农业产业化发展水平。稳定粮食生产，确保粮食安全。积极发展设施农业。加快规模化养殖基地建设。完善绿色农业标准和监测体系。四是调整优化能源结构。组织实施"新型能源开发利用工程"，提高新型能源在能源消费中的比重。积极推进太阳能光伏发电建设工程和地热能开发利用工程。在风力资源相对丰富的区域，积极推进风力发电工程建设。在秸秆、果木枝条等生物质燃料产量较大的地区，建设适当规模的生物质发电项目。在中心城市和重点城镇周边，积极推进垃圾发电项目建设。

3. 加强低碳管理

把节能降耗作为加强低碳管理的重要内容，全面推进工业生产、农村生活以及建筑、交通等各领域的节能降碳工作。一是加快传统产业改造。普及应用新型节能技术，重点改造提升电力热力、纺织化纤、建材等能耗较高的传统产业，加大节能降耗工作力度，加快淘汰落后产能。二是积极倡导农村节能。围绕农村住宅节能和沼气、太阳能、生物质能等新型能源在农村的开发和利用，重点组织实施以大中型沼气和户用沼气建设为主体的"农村节能普及工程"，逐步建立符合农村生产、生活环境特点的节能体系。三是大力推进建筑、交通等领域节能。改造非节能建筑，加大太阳能和地热能的开发利用，不断降低建筑采暖、热水供应、照明等方面的能源消耗。实施集中供热，提高采暖用能利用效率。积极调整交通能源结构，优先发展公共交通，适度控制小汽车出行比例，大力推广应用新能源车辆，积极建立绿色、低碳城市交通体系。

4. 倡导低碳生活

鼓励低碳化生活方式和消费模式，应用低碳技术，推广使用低碳产品，推动全民广泛参与，使低碳生活成为自觉行动。一是提高碳汇能力。大力开展全民植树造林活动。在城区,结合创建国家森林城市、园林城市,高标准建设环城林带、城郊森林公园、景观片林。在农村,坚持生态效益与经济效益并重,推进经济型生态防护林和农田林网建设。加快河流、水库、淀区等水体沿岸和道路两侧的植树造林。围绕市区大水系建设,加大沿岸绿化和景观设置力度。二是应用低碳产品。鼓励城乡居民购买使用有节能环保认证标识的绿色家用电器。推广使用节能灯、节水用具等低碳节能环保新产品。完善政府采购制度,优先采购低碳、节能、环保办公设备和用品。三是改善生活方式。引导人们在衣、食、住、行等日常生活方面,从高碳模式向低碳模式转变,倡导生活简单化、简约化,明显减少单位 GDP 中来自居民生活消费的二氧化碳排放。

二、杭州市:加快推进建设"六位一体"的低碳城市

早在 2008 年杭州市就率先提出建设"低碳城市"的战略设想,2009 年出台《关于建设低碳城市的决定》(市委〔2009〕37 号),成立了由市委书记任组长、31 个部门和 13 个区(县、市)为成员单位的低碳城市建设领导小组,着手编制规划、制定年度行动计划、安排重点项目、研究配套政策等,各个责任部门的工作内容都有明确落实。《关于建设低碳城市的决定》中明确指出,杭州市将推进建设低碳经济、低碳建筑、低碳交通、低碳生活、低碳环境、低碳社会"六位一体"的低碳城市,确保杭州在低碳城市建设上走在全国前列;到 2020 年,杭州全市万元生产总值二氧化碳排放比 2005 年下降50% 左右。

1. 培育低碳产业,打造低碳经济

建立低碳产业体系,推动杭州产业结构向低碳化方向发展。发展新能源产业,提高气电、太阳能发电、生物质能发电的比重,促进能源结构调整。坚决淘汰高碳行业的落后产能,推进煤炭高效清洁利用,培育环保产业,全面推进工业节能减排减碳。推进商贸流通业节能减排减碳。发挥农林业在培

育碳汇中的作用，拓展林业碳汇功能，增加绿色财富。发展电子商务，使杭州成为低碳商业模式创新的"领头羊"。推进市区工业企业搬迁，实现工业企业的"脱胎换骨"，搬出一个新规模、新工艺、新设备、新产品、新环境，搬出一个企业发展的"新天地"、低碳生产的"新天地"。全面推行"清洁生产"，建设一批工业循环经济示范企业和示范园区。推动低碳创业，让知识、科技、艺术等文化创意元素更多地融入创业中，注入到产品设计、生产过程、行业发展的各个层面各个领域，提升产业档次，提高创业层次。开发低碳科技，推动建立以企业为主体、产学研相结合的低碳技术创新与成果转化体系。开展低碳设计，以设计为起点降低产品在制造、储运、流通、消费乃至回收等各个环节的物质和能源消耗，以低碳设计带动低碳产品和低碳技术。倡导能源合同管理，推动节能向产业化、规模化方向发展。发展静脉产业，构建和完善再生资源回收利用网络体系。

2. 推进建筑节能，打造低碳建筑

坚持高起点规划、高标准建设、高强度投入、高效能管理"四高"方针，打造节能精品建筑。实施"阳光屋顶示范工程"，加大光伏发电在建筑领域的推广应用力度。实施城市"屋顶绿化"计划，提高城市立体空间的绿色浓度，降低城市热岛效应。推进既有建筑节能改造，积极推动可再生能源与建筑一体化发展。推行建筑节能"绿色评级"，对全市各类建筑进行节能"绿色评级"并颁发相应的节能等级证书，2012 年起，所有新建住宅和房地产市场上销售、出租或建造中的商品房必须事先领取节能等级证书。出台建筑节能管理条例，推广"可持续建筑标准"，依法推进建筑节能。

3. 倡导绿色出行，打造低碳交通

深入开展无车日活动，组织系列绿色出行的主题宣传活动，倡导市民选择低能耗、低排放的低碳交通出行方式。落实"公交优先"，坚持地铁、公交车、出租车、"免费单车"、水上巴士"五位一体"，推进八城区与五县（市）公交一体化，打造低碳化城市交通系统。大力发展"免费单车"服务系统，使"免费单车"真正发挥大公交体系的纽带作用。严格执行机动车低排放标准，加强机动车管理，鼓励购买小排量、新能源等环保节能型汽车，发展低排放、低能耗交通工具。推进交通智能化管理，加强人车路之间的监控、信息联系和调度能力，减少迂回运输、重复运输、空车运输，降低碳排放，营造"清洁、静谧、健康、高效、有序"的交通环境。

4. 倡导绿色消费，打造低碳生活

计算碳足迹，在相关网站设置碳足迹计算器，提供低碳生活指南，让个人和组织能够评估自己对环境造成的影响，为评估未来的减排状况设定基线。引导个人和组织增强社会责任意识，鼓励"擦掉碳足迹，进行碳补偿，实现碳中和"。提倡生活简单、简约化，积极倡导低碳生活方式，促进人们日常生活的衣、食、住、行、用等方面从传统的高碳模式向低碳模式转变，养成健康、低碳的生活方式和生活习惯，消除碳依赖。建设健康城市，倡导合理膳食、适量运动，普及健康生活理念，传播健康生活知识，形成健康生活方式，提高全民健康素质。

5. 加强生态建设，打造低碳环境

建设国家森林城市，营造"城在林中，路在绿中，房在园中，人在景中"的最佳人居环境，培育城市"碳中和"能力。彰显江、河、湖、溪、海"五水共导"的城市特色，加大疏浚、截污、引水、生物治理力度，充分发挥湿地资源的固碳功能。树立城市发展"留白"理念，建设、保护好西部、西北部、北部、西南部、南部、东部六条生态带，防止主城、副城、组团建设向生态带蔓延，打造具有杭州特色的生态带"积极保护"模式，保护好城市的碳汇生命线。全面启动生态文明建设细胞工程，发展壮大生态经济，持续改善生态环境，大力弘扬生态文化，建立生态补偿机制，统筹城乡环境保护工作，建设绿色工厂、绿色村庄，明显改善城乡环境质量特别是大气和地表水质量，营造全民共建共享生态文明的社会氛围，形成碳源和碳汇城乡互哺格局。

6. 变革城市管理，打造低碳社会

践行"紧凑型城市"发展理念，打造职住平衡、多中心、组团式、网络化、生态型城市结构，减少摊大饼式城市扩张带来的资源和能源浪费，形成低碳化城市发展新格局。围绕打造"国内领先、世界一流"科技馆的目标，突出"低碳与生活"主题，建设中国杭州低碳科技馆。推广低碳社区规划手段、建筑技术和管理方式，打造一批标杆性"低碳社区"。推行"绿色办公"计划和"绿色学校"节能计划。打造"垃圾清洁直运"杭州模式，推进生活垃圾分类收集处置工作，实现垃圾处理环节的低碳化。

按照"六位一体"的总体要求，在《杭州市"十二五"低碳城市发展规划》中，提出了八大任务和十大示范工程，全面推进低碳城市建设。其中八大任务，即：建设低碳产业集聚区，构建低碳产业载体；推广利用清洁能源，构建低碳能源体系；加大森林城市建设，构建固碳减碳载体；加强低碳技术研发应用，构建低碳创新载体；优化城市功能结构，构建低碳建筑载体；建设低碳示范社区，构建低碳生活载体；发展公共交通，构建低碳交通体系；推行特色试点工程，构建示范城市载体。十大示范工程分别包括：低碳园区示范工程；低碳产业示范工程；低碳技术研发示范工程；新能源和可再生能源利用示范工程；低碳建筑示范工程；低碳交通出行示范工程；低碳生活示范工程；资源循环、综合利用示范工程；低碳县（市）、城区、乡镇建设示范工程；碳汇功能区建设示范工程。试图在"十二五"期间，积极探索一条城市以低碳经济为发展方向、市民以低碳生活为行为特征、政府公共管理以低碳社会为建设蓝图的绿色低碳发展道路。

三、贵阳：预算重点任务及领域的减排目标贡献率，全面构建低碳城市发展的支撑保障体系

贵阳市在生态文明建设方面一直走在全国的前列，在低碳城市发展上具有良好的基础条件，根据《贵阳市低碳发展行动计划（纲要）》（2010~2020年），

提出了十大重点任务和八大保障支撑措施。力争探索一条适合贵阳市情，符合贵阳收入水平、产业结构、产品结构和能源资源禀赋变化特征的低碳发展途径。

1. 十大重点任务及领域

一是加大服务业基础设施投资力度，全面提升服务能力，在旅游、会展、休闲房地产及现代物流等领域实现超常发展。大力发展旅游业，打造"低碳旅游"；发展现代会展业，打造中国低碳会展名城；大力开发休闲房地产业；发展现代物流业，打造低碳物流。预计本项行动对贵阳市实现 2020 年比 2005 年二氧化碳排放强度下降 40% 或 45% 目标的贡献率可达 33.2% 或 26.4%。二是以主要资源行业延长产业链、提高附加值的重点项目建设与运营为抓手，实质性地推进高排放强度行业产品结构的优化升级。加快淘汰落后产能，大力发展先进制造、生物医药等战略性新兴产业；加快改进矿产品加工方式，增加技术贡献率，提高产品级次，延长矿产资源产业链；加快生态工业园区建设，推进产业集群发展；加快优化调整工业内行业和产品结构，构建低碳工业体系。预计本项行动对贵阳市实现 2020 年比 2005 年二氧化碳排放强度下降 40% 或 45% 目标的贡献率可达 15.1% 或 14.4%。三是在高耗能、高排放重点企业实施节能减排统计核算信息阳光计划，通过高效技术与管理措施提高能效、减少排放。预计本项行动对贵阳市实现 2020 年比 2005 年二氧化碳排放强度下降 40% 或 45% 目标的贡献率可达 21.4% 或 24.5%。四是促进能源结构调整，加大清洁能源和可再生能源在一次能源消费中的比重。适当增加水电的供应比例；以发展煤气为依托，进一步提高城区气化率；适当开拓石油和液化天然气供应渠道；有步骤的推进地热开发；积极探索清洁能源的使用，在城市和农村有条件的地区推广太阳能热水器。大力推进以村落沼气为核心的农村用能结构的多能互补，在城乡一体化的推进过程中，以现代生态农业建设为重点，加快大、中型沼气池的建设，提高农村清洁能源的利用程度。预计本项行动对贵阳市实现 2020 年比 2005 年二氧化碳排放强度下降

40%或45%目标的贡献率可达13.3%或10.4%。五是构建低碳城市交通系统。在编制城市交通规划、土地利用规划等城市规划时，合理配置商业及公共服务设施，有效地削减未来城市道路交通的能源需求和温室气体排放。预计本项行动对贵阳市实现2020年比2005年二氧化碳排放强度下降40%或45%目标的贡献率可达6.7%或6.3%。六是大力推进建筑节能，发展低碳绿色建筑。大力倡导和发展以低碳为特征的绿色建筑，在营造宜居城市的同时降低能耗。积极创建低碳社区、打造低碳公共建筑群样板。预计本项行动对贵阳市实现2020年比2005年二氧化碳排放强度下降40%或45%目标的贡献率可达6.4%或7.8%。七是加强贵阳市环城林带森林资源管理，增强碳汇。完成城郊、通道绿化和景点、景区的绿化、美化任务，严格执行"绿线"制度和绿地系统规划，建设一批大径材树木固碳示范林，加强复层林和混交林经营的试点和示范，增强森林生态系统的固碳能力。八是加强城乡废弃物回收与处理，控制非二氧化碳温室气体排放。九是改善提高公众低碳意识行动的效果，引入经济激励手段，引导公众接受低碳生活方式与消费模式。本项行动对贵阳市实现2020年比2005年二氧化碳排放强度下降40%或45%目标的贡献率可到4%或5%以上。十是率先垂范，充分发挥政府在低碳方面的示范作用。

2. 八大保障支撑措施

一是塑造城市低碳形象。将"低碳贵阳"有机融入贵阳现有的城市形象体系中，塑造一个立体、多层次、丰富多彩的现代城市形象，从而增强与城市形象密切相关的城市发展意识，增强城市对于公众和资金的吸引力。二是适时开展低碳发展专项规划的编制工作。在研究和制定"十二五"社会经济发展规划过程中，低碳发展应当作为其中的重要内容，并且明确低碳发展的规划目标、适用范围、主要内容、重点任务和保障措施等，提出单位国内生产总值能耗及CO_2排放等低碳发展指标。在条件允许的情况下，适时开展低碳发展专项规划的编制工作。三是提高低碳技术创新能力。以提高企业在低碳领域的自主创新能力为核心，充分利用贵阳市的科研力量，并加强与国内其他科研机构的合作，推进产学研的结合。建立贵阳市低碳发展专家库，组织专家及时咨询、研究和解决贵阳市低碳政策制定和实施过程中的重大问题。在可再生能源开发利用、清洁生产技术、废物处置与资源化技术、节能减排技术等方面，组织力量进行重点技术攻关。四是加强低碳人力资源开发。着力培育和建设一批自主创新能力强，在国内具有一定影响力的低碳领域科研团队，服务于贵阳市的低碳发展。五是建立完善政策制定与实施机制。充分发挥政策的诱导作用，利用不同政策手段的组合，按照低碳发展目标要求，去引导企业和消费者的行为。在产业政策、能源资源定价、财税政策、温室气体统计核算、低碳示范体系建设等方面制定一整套的低碳政策体系。六是依法推进低碳城市建设，保障低碳发展目标实施。加快完善与低碳发展有关的法规、条例、方法、办法、标准等建设。七是积极倡导低碳文化，加大宣传教育力度，提高市民低碳文明素养，促进公众参与。八是加强低碳领域的国际合作，创造更多的国际技术转让、资金支持的机会，学习先进的知识、理念和管理经验，提升贵阳在低碳发展领域的国际化水平。

四、广东肇庆新区：探索三大低碳模式，制定低碳发展关键绩效指标，突出低碳智能化特点

根据国家发展和改革委员会《关于开展低碳省区和低碳城市试点工作的通知（发改气候〔2010〕1587号）》要求，以及广东省人民政府办公厅《印发肇庆新区建设工作方案的通知（粤办函〔2012〕241号）》的指示精神，贯彻落实十八大报告"生态文明、美丽中国"的发展思路，2013年8月广东省发展改革委发布《广东肇庆新区低碳发展专项规划（2012～2030年）》，作为肇庆新区低碳城市建设的指导性与纲领性文件。

1. 三大低碳模式

①构建"生态保育及碳汇功能提升"的生态模式。围绕肇庆丰富的森林

碳汇资源，科学开展碳汇评价，针对国际碳交易市场及未来国际气候变化政策动态，到 2020 年增加碳汇林面积 1500 公顷，规划可操作的 CDM 或 PCDM 项目。围绕肇庆市"国家绿色生态示范城区"目标，凸显自然山水格局与新城建设空间的融合，肇庆新区规划协调区范围森林覆盖率达到 65% 以上，建成区人均公园绿地面积 > 12m²，建设城市生态廊带，全面完成环境保护和生态市建设目标任务。

②构建"节能减排与低碳产业发展"的经济模式。围绕肇庆新区节能减排的刚性目标，制定新区低碳产业发展指南，严格控制产业准入，探讨促进低碳经济发展的产业创新模式。第一产业重点发展低碳农业。利用肇庆良好的地理环境，发展有机农业、都市观光农业和碳汇农业。第二产业重点发展高绿色发展指数产业、高技术集成产业以及研发先导型产业。第三产业重点发展绿色物流业、商贸会展业、健康养生业、高端旅游业、消费品电子商务集散中心、文化传媒创意产业和教育培训业等高附加值现代服务业。

③营建"绿色交通导向、绿色建筑引领、低碳生活倡导"的人居模式。一是低碳交通出行。构建生活出行绿色化、货物运输集约化的低碳综合交通运输体系。生活出行绿色化即采用对环境影响最小的出行方式，在节约能源、提高能效的同时减少环境污染，出行兼顾效率。货物运输集约化即采用效率高的方式进行货物运输，鼓励发展铁路运输、水路运输等多式联运，减少能耗，降低排放。二是低碳建筑示范。推广绿色建筑及可再生能源建筑利用一体化技术，建成 1 个"绿色建筑综合示范区"。2020 年新建建筑在设计和施工阶段 100% 达到节能 60% 的标准；100% 的新建建筑达到绿色一星级的标准；30% 的新建建筑达到绿色二星级标准；政府投资的新建建筑达到绿色二星级标准；60% 以上的新建建筑使用可再生能源。三是低碳生活方式倡导。实行居民生活消费碳护照制度，提倡简约生活，以节能、节约为原则，采用自然通风、自然采光，推行节能灯和节能电器；购物时尽量选用本地产品、季节产品及包装简单的产品，减少商品在运输过程中的碳排

放；逐步限制直至取消一次性物品的使用，研究出台相应的管理办法。尽量选用公共交通工具，鼓励拼车出行、步行、自行车、乘坐轻轨或者地铁，推行绿色居家准则。

2. 制定关键绩效指标

针对肇庆新区的资源本底分析及土地利用评估提出具有国际可比性的低碳发展关键绩效指标（Key Performance Indicator，KPI），明确肇庆新区作为肇庆市实施新型城镇化战略引擎地区的低碳发展目。在时序上，包括 2020 年和 2030 年两个阶段目标。在领域上，一是绿色能源发展指标，包括能源结构和能源消耗两大类；二是高效土地利用控制目标，目标层包括紧凑与精明增长、土地利用与交通耦合、碳汇能力保育与提升三个方向；三是绿色交通导引指标，包括低碳综合交通运输体系、生活出行交通排放和货运运输交通排放三个目标层；四是综合环境管理指标，包括水资源保护与废水碳减排、固废循环利用与固废碳减排以及环境管理三个目标层；五是绿色建筑示范指标，包括被动设计、材料选择以及生态美学等方面具体量化指标。

3. 突出低碳智能化特点

《广东肇庆新区低碳发展专项规划（2012～2030 年）》提出了七项主要任务，包括：优化产业结构，建设低碳产业集聚区；调整能源结构，构建智慧泛能网系统，建立高效的能源管理制度；构造高效的空间组织与富有生机的地方空间特质；倡导绿色交通，建立集约化的运输体系，发展多式联运；加大环保投入力度，建设完善的市政基础设施体系，实现资源可持续发展与循环利用；加强绿色建筑技术推广，完善绿色建筑监管体系，培育绿色建筑综合示范区；提升森林碳汇能力，加强生态保护建设，构建城市碳汇体系。其中，有两项任务突出低碳发展中的智能化特点，值得借鉴。

一是在能源系统方面，采用"1 拖 N 泛能站"模式和"泛能微网"技术，高效集成燃气分布式供能系统、浅层地热利用系统、太阳能系统、风能系统、储能系统、余能回收系统等，建立集中式与分布式相结合、多能源混合、按终端用能数量和品位相匹配供应的能源系统。在提高能源利用效率的同时提高能源系统的经济性。利用泛能网技术，将抽水蓄能电站、风电系统、光伏发电系统、生物质发电厂、区域泛能站及各子泛能站等能源系统进行互联互通，逐步实现电网、气网及热网的智能化融合，达到电、气、热不同能源间的互补与调峰，形成能源生产端与利用端双向影响与良性互动。同时，建立智能化的能源管理平台。在能源系统及泛能网构建的基础上，采用先进的信息通信技术，搭建泛能运营中心，通过泛能网运营模式实现能源的智能化控制、管理与能源交易，保障能源系统优化匹配运行。

二是在空间特质塑造上，以信息高速公路等 IT 基础设施建设作为新区链接全球经济体系的重要支撑，并为未来更有效地处理数字内容创作、分布式项目工作（例如国际软件开发）、远程办公和知识流程外包（例如医学图像远程诊断）等提供弹性工作的空间承载，实现传统城市向气候智能型城市的转型。提升信息化背景下城区流动空间的虚拟连通性，支持网络密集型活动，帮助实施跨行业和跨国界的协作。

与此同时，规划还专门特别强调要突出智能城市建设，通过城市智能化设计与建设，提高城市生活中 ICT 技术的覆盖程度，减少碳排放。这里，ICT技术即信息、通信和技术的整合（Information Communication Technology，简称ICT）。通过 ICT 技术可显著降低碳排放，并改变人们的传统生活方式。未来信息通信技术将深入城市生活的各个环节，并以更加灵活多变的行业解决方案打造出更为智能、高效、环保的新型信息化城市。通过 ICT 技术构建城市发展的智慧环境，形成基于海量信息和智能处理的生活、产业发展、社会管理、能源管理与服务的新模式。基于肇庆新区现状及发展定位，规划 2020 年ICT 技术将在肇庆新区的教育、医疗、购物、交通、安居、公共服务、能源服务等七个领域中实现五个方面以上的覆盖。

五、深圳：依托发展基础，率先探索通过政府引导和市场机制相结合的低碳绿色新路径，全面、系统性地推进低碳发展

经过 30 年的改革开放，深圳迅速从一个边陲小镇发展成为一座现代化大城市，创造了世界工业化、城市化和现代化发展史上的奇迹。但在快速发展的同时，也较早地遇到了发展的瓶颈和难题：土地空间和能源资源愈显紧张，人口、环境、生态的刚性约束日益增强，社会发展相对滞后，外部竞争日趋激烈，传统发展模式难以为继，加快转变经济发展方式刻不容缓。站在新的历史起点上，走低碳发展之路，创新发展机制，破解发展难题，探索发展新路，成为深圳顺应世界发展趋势，贯彻落实科学发展观，加快转变经济发展方式的战略选择。

根据《深圳市低碳发展中长期规划（2011～2020 年)》，深圳低碳发展以"六个突出"为着力点，即突出节能减排、突出优化结构、突出体制机制创新、突出技术创新、突出重点领域、突出森林碳汇；以明确"八大任务"为主要抓手，包括构建以低碳排放为特征的产业体系、建设低碳清洁能源保障体系、提高能源利用效率、提升低碳发展核心竞争力、创新体制机制、增强碳汇能力、践行低碳生活、优化空间布局等。按照规划目标，到 2015 年，有利于低碳发展的法规、政策、标准、技术规范等框架基本建立，低碳产业体系基本形成，低碳发展能力明显增强，清洁能源比例持续提升，工业、交通、建筑等重点领域节能降耗显著，低碳发展意识不断提升。非化石能源占一次能源消费的比重达到 15% 左右，单位 GDP 碳排放比 2005 年下降 30% 以上，万元 GDP 碳排放当量下降到 1.03 吨。到 2020 年，低碳发展政策法规体系、技术支撑体系、低碳产业体系和低碳清洁能源体系不断完善，低碳发展理念深入人心，低碳城市基本建成。非化石能源占一次能源消费的比重达到 20% 左右，单位 GDP 碳排放比 2005 年降低 45% 以上，万元 GDP 碳排放当量下降到 0.81 吨，达到世界中等发达国家平均水平，努力将深圳建设成为国家低碳发展先进城市。

1. 培育新兴产业，构建以低碳排放为特征的产业体系

优化产业结构，以大力发展低碳型新兴产业和现代服务业为核心，以推动高技术产业和制造业高端化为重点，以传统产业低碳化为基础，加快形成低碳产业体系。一是大力发展新能源、互联网、生物、新材料、文化创意、节能服务、低碳服务等低碳型新兴产业，抢占低碳产业发展制高点，打造低碳发展的支柱产业。二是巩固高技术产业的优势地位，提升制造业信息化和数字化水平，加快现代金融、现代物流、网络信息、服务外包、商务会展等现代服务业发展，形成以高技术产业和现代服务业为主的低碳产业结构。三是以传统产业技术创新为突破口，加快更新改造，严把产业能耗、碳排放、环境影响的准入门槛，开展清洁生产、产品碳标识，促进传统产业改造升级和低碳化。四是按照低碳发展和循环经济理念，应用先进技术与设备，采取源头减排、分类收集、无害处理、综合利用等措施，减少固体废弃物在焚烧、填埋和污水处理过程中的碳排放。

2. 优化能源结构，建设低碳清洁能源保障体系

加大利用天然气、核能、太阳能、生物质能和风能等等清洁能源，不断提高清洁能源比例；应用高效发电技术，试验应用碳捕集与埋存方式，降低能源工业的碳排放；推进智能电网建设，保障可再生能源并网发电。一是着力提高清洁能源利用比例。实施以引进天然气为主的石油替代战略，拓展天然气资源供应渠道，把握全球发展新能源的战略机遇，大力开发利用核能和可再生能源，到 2015 年，清洁能源占一次能源消费比重达到 50%，非化石能源比例达到 15% 左右。二是降低能源生产部门的碳排放。鼓励能源生产部门采用高能效发电技术，试验应用碳捕集与封存技术（CCS），争取到 2015 年电力工业碳含量降至 $0.7kgCO_2$ 当量/kwh 以下。三是推进电网智能化建设。支持南方电网在深圳进行电网智能化建设试点，提高电网自动化和信息化水平，打造可靠、安全、低能耗和智能化的城市电网。

3. 加大节能降耗力度，提高能源利用效率

以节能降耗，提高能源利用效率为低碳发展的重要载体，加快推进结构节能、技术节能、管理节能，加大工业、交通、建筑、公共机构等领域的节能降耗力度，减少资源能源消耗，提高能源利用效率。一是提高工业能效水平。加强电力、建材、制造业等重点行业节能减排管理，积极采用先进适用的节能技术改造传统工业，提高能效水平。到2015年，工业增加值能耗达到0.43吨标煤/万元；2020年，达到0.37吨标煤/万元。二是构建低碳交通网络。从提高交通运输工具的能效和排放标准入手，强力推进交通节能减排，大力发展轨道交通、公共交通、非机动车道路交通以及推广新能源汽车，构建低碳交通网络，有效降低机动车能耗，控制尾气排放，实现交通运输碳排放量的大幅度下降。三是推广绿色建筑。严格执行《深圳经济特区建筑节能条例》、《公共建筑节能设计标准实施细则》等法规、规范，新建建筑100%节能达标，到2015年绿色建筑占新建建筑比重达到60%，2020年达到80%。四是降低公共机构能耗。对公共机构的用能设备实施节能改造，淘汰高耗能、高排放设备，推广使用节能设备和新能源产品，严格节能管理，建立能耗统计与监测平台，提高能源利用效率，减少公共机构碳排放。五是加强节能基础能力建设。建立能耗统计制度，加强能耗统计、监测技术支撑能力建设，促进政府和企业对能源计量数据的采集、处理、使用实施有效管理，实现以管理节能促进低碳发展。

4. 推进科技创新，提升低碳发展核心竞争力

着力建设低碳发展技术体系，制定低碳技术政策和标准，加强低碳创新能力建设，提升深圳市低碳发展核心竞争力，将深圳建成为低碳技术创新型城市。一是集中优势资源，重点在节能与提高能效技术、可再生能源技术、先进核能技术、二氧化碳捕集利用与封存技术、生物固碳与固碳工程技术等方面取得突破，建立低碳发展技术体系。二是建立低碳技术目录，编制低碳技术标准和规范，鼓励低碳技术专利申报，逐步形成技术方向明晰、技术标

准完善、知识产权申报活跃的低碳技术发展环境。三是重点提升人才队伍、研发平台、学科建设等创新要素，增强低碳创新能力，奠定低碳技术发展基础。

5. 创新体制机制，营造低碳发展环境

落实《深圳市综合配套改革总体方案》，发挥深圳市场机制较为完善的优势，先行先试，构建有利于低碳发展的体制机制和政策法规体系，为低碳发展营造良好环境。一是完善政策法规，强化激励和约束机制，加快出台和实施有利于低碳发展的价格、财税、金融等激励政策，加快制订和实施促进低碳发展的市场准入标准、强制性能效标准和环保标准等。二是发挥应对气候变化与节能环保、新能源发展、生态建设等方面的协同效应，充分利用深圳市场经济相对发达的优势，通过制度创新，积极探索建立政府推动与市场运作相结合的低碳发展新机制。

6. 挖掘碳汇潜力，增强碳汇能力

通过加强生态保护与建设，改善现有生态条件，形成良好的碳汇基础。以森林碳汇和城市碳汇为重点，不断挖掘碳汇潜力，切实提升碳汇能力。一是加强生态保护与建设。严格控制基本生态线，构建自然生态安全网络格局，积极推进生态修复工作。二是加强森林管理，提高森林覆盖率，提升森林固碳能力，提升森林碳汇能力。三是推进区域绿道网建设，多渠道拓展城市绿化空间，构建城市碳汇体系。

7. 倡导绿色消费，践行低碳生活

充分调动社会各领域力量，形成全方位推行绿色消费，践行低碳生活的合力。加大低碳宣传力度，全面普及低碳理念，积极引导和鼓励居民绿色消费，形成可持续的低碳生活方式，为整个社会低碳转型奠定基础。一是提高全民低碳意识。加强低碳宣传教育，全面提升公众低碳意识，形成"政府引导、全民参与"的良好氛围。到 2015 年，市民对低碳理念的认知率达到80%；2020 年，市民对低碳理念的认知率达到 90%。二是大力推行绿色公

务、绿色商务、低碳市民，全方面引导社会低碳转型，多层次践行低碳生活。

8. 优化城市空间布局，促进城市低碳发展

将低碳发展理念融入城市规划、土地利用规划的编制、实施、动态管理的各个环节，通过城市更新、土地整备，土地资源合理配置，促进城市空间结构、产业布局和土地利用更加紧凑、集约、合理，为低碳发展奠定城市空间基础。一是以低碳理念推进城市空间紧凑发展。通过优化产业空间布局，合理规划城市功能区，推动城市结构向多中心、组团式结构转变，打造集约型、紧凑型的城市空间格局，有效降低碳排放。二是加强土地节约集约利用。按照"产业集群化、用地集约化"的要求，严格控制新增建设用地规模，加大土地整备力度，加快城市更新，提高土地利用效益。

六、云南：围绕主要任务，以示范、创新和能力建设为重点，组织实施十大重点工程，强化工程项目支撑作用

为贯彻落实国家发展改革委《关于开展低碳省区和低碳城市试点工作的通知》（发改气候〔2010〕1587号）和省委、省政府《关于加强生态文明建设的决定》（云发〔2009〕5号）的精神和要求，云南省发展和改革委员会编制了《云南省低碳发展规划纲要（2011～2020年)》，作为指导全省低碳发展的重要依据。按照规划目标，到2020年单位国内生产总值的二氧化碳排放比2005年降低45%以上；低碳发展意识深入人心，有利于低碳发展的体制机制框架基本建立，以低碳排放为特征的产业体系基本形成；可再生能源发展保持全国领先水平，成为全国重要的可再生能源基地，非化石能源占一次能源消费比重达到35%。低碳社会建设全面推进，低碳生活方式和消费模式逐步建立；森林碳汇能力进一步增强，森林面积比2005年增加267万公顷，森林蓄积量达到18.3亿立方米；低碳试点建设取得明显成效，成为全国低碳发展的先进省份。

1. 七项重点任务

一是优化能源结构，大力发展无碳和低碳能源。充分发挥云南省可再生能源优势，在保护生态的基础上加快开发水电，大力发展风电、太阳能、生物质能等新能源，把云南建成国家重要的低碳能源基地。二是以工业、建筑、交通为重点，全面推进节能工作，突出抓好重点行业和重点企业节能降耗，提高能源利用效率。三是以建设"森林云南"为目标，切实加强林业生态建设，进一步增强森林碳汇能力。开展林业碳汇知识的宣传和普及，促进企业、个人积极参与以积累碳汇为目的的造林和森林经营活动。四是加大产业结构调整力度，积极培育发展战略性新兴产业，利用先进适用技术和高新技术改造传统产业，逐步形成以低碳排放为特征的产业体系。五是加强能力建设，构建低碳发展的技术支撑体系。建立温室气体排放统计核算和管理体系，加强低碳技术的研发推广和人才培养，提升低碳发展的科技支撑能力。六是积极先行先试，推进云南特色的低碳示范建设。围绕低碳发展的优势领域，积极推进太阳能综合利用、低碳旅游、碳汇交易及补偿等方面的先行先试，探索云南特色的低碳发展途径。七是把低碳理念融入公众的日常生活中，推行低碳生活方式，促进低碳消费。

2. 以示范、创新和能力建设为重点，组织实施十大重点工程

一是低碳能源建设工程。包括风能开发工程，太阳能开发工程（光伏发电工程、太阳能热水器推广工程），生物质能工程（城市生活垃圾发电工程、秸秆发电工程、生物柴油工程），沼气工程（户用沼气工程、大中型沼气工程），天然气工程，煤层气开发利用工程。二是工业节能增效工程。包括余热余压利用工程、电机系统节能工程、燃煤工业锅炉改造。三是低碳建筑工程。包括太阳能光热建筑一体化应用工程、太阳能采暖工程、太阳能光电建筑一体化工程。四是低碳交通工程。包括低碳交通工程、公路自动收费系统（ETC）改造工程、昆明市智能公交建设工程、电动汽车充电站建设工程。五是森林碳汇工程。包括荒山造林工程、封山育林工程、中低产林改造工程、

重大森林灾后恢复重建工程、城市碳汇工程。六是工业园区及企业低碳化改造工程。包括低碳工业园区建设工程、企业低碳化改造工程。七是能力建设及科技支撑工程。包括温室气体排放数据统计和管理体系建设工程、能力建设工程（机构能力建设，低碳领域的相关培训和宣传教育，碳汇计量、核算、统计体系的建立，低碳及应对气候变化技术的研发与示范，低碳技术成果的推广应用，低碳研发机构及基地的培育建设，低碳信息服务平台的建设，低碳教育和科普基地建设、低碳队伍建设及人才培养，对外交流合作等）。八是政策规划及体制创新工程。包括低碳发展规划及应对气候变化规划的编制、低碳发展标准体系的建设，低碳发展目标分解及考核体系建设，低碳发展相关政策措施和法律法规的研究制定等。九是先行先试示范工程。包括太阳能综合利用示范工程、低碳旅游景区示范工程、碳汇交易及碳汇补偿示范工程、低碳产品认证示范工程、碳信用储备平台建设工程。十是低碳生活推进工程。包括低碳生活推进工程（开展多种形式的低碳生活宣传活动，编制发放低碳生活指南，鼓励低碳消费，贯彻落实"禁塑令"，开展"低碳家庭"、"低碳学校"的创建活动等）、绿色照明工程（城市绿色照明工程、大型公园景观照明改造工程、节能灯推广工程）、低碳社区创建工程、绿色饭店创建工程。

附录三

中国低碳发展大事记

    1990 年，中国政府就在当时的国务院环境保护委员会下设立了国家气候变化协调小组，由当时的国务委员宋健同志担任组长，协调小组办公室设在原国家气象局。1990 年起，中国政府派出代表团参加《联合国气候变化框架公约》的谈判，1992 年签署公约，1993 年全国人大常委会批准了这一公约。1998 年，在中央国家机关机构改革过程中，设立了国家气候变化对策协调小组，由当时国家发展计划委员会主任曾培炎同志任组长。该小组由国家发展计划委员会牵头，成员由国家发展计划委员会、国家经贸部、科技部、国家气象局、国家环保总局、外交部、财政部、建设部、交通部、水资源部、农业部、国家林业局、中国科学院以及国家海洋局等部门组成，日常工作由国家气候变化对策协调小组办公室负责。1998 年，中国签署并在 2002 年核准了旨在遏制全球气候变暖的《京都议定书》。2003 年 10 月，经国务院批准，新一届国家气候变化对策协调小组正式成立。2004 年 12 月，由国家发展和改革委员会组织编制的《中华人民共和国气候变化初始国家信息通报》在《联合国气候变化框架公约》第 10 次缔约方大会上向秘书处正式提交，这是中国为

    大事记部分摘自《中国低碳年鉴》（2010～2013 年），部分信息来自中华人民共和国政府网站（http://www.gov.cn）、国家各部委官方网站以及各大媒体新闻报道，这里不再一一列举，对其所提供的信息参考，一并在此鸣谢。另注：由于可获得信息以及信息整理水平有限，难免有遗漏之处。

履行《联合国气候变化框架公约》所规定的义务而采取的又一项具体行动。到 2005 年 2 月 16 日《京都议定书》开始强制生效。随后我国开展一系列围绕低碳发展的重要工作。

2005 年

2 月 28 日　第十届全国人民代表大会常务委员会第十四次会议通过《中华人民共和国可再生能源法》，自 2006 年 1 月 1 日起施行。

7 月 2 日　国务院发布《关于加快发展循环经济的若干意见》（国发〔2005〕22 号）。

10 月 20～21 日　由国家发展和改革委员会主办的中国清洁发展机制（CDM）大会召开。意大利环境与领土部、联合国开发计划署、联合国基金会、挪威开发合作机构、中国国际经济技术交流中心等机构为本次大会提供资金支持。

2006 年

4 月 7 日　发展改革委、能源办、统计局、质检总局、国资委颁布《千家企业节能行动实施方案》。选择钢铁、有色金属、石油石化、化工、建材、煤炭、电力、造纸、纺织 9 个重点耗能行业中年综合能源消费量超过 18 万吨标准煤的 998 家企业进行重点监管。2006 年，千家企业共计耗能 8 亿吨标准煤，约占全国能源消费总量的三分之一，占工业能源消费量的一半左右。通过开展千家企业节能行动，拟在"十一五"期间实现节能 1 亿吨标准煤。

7 月 4 日　建设部出台《"十一五"城市绿色照明工程规划纲要》。

7 月 17 日　国家主席胡锦涛在八国集团同发展中国家领导人对话会议上发表书面讲话指出，国家社会应该加强节能技术研发和推广，支持和促进各国提高能效，节约能源，减少单位国内生产总值的能耗。应该积极倡导在清洁煤技术等高效利用化石燃料方面开展合作，推动国际社会加强可再生能源和氢能、核能等重大能源技术研发等方面的合作，探讨建立清洁、安全、经济、可靠的世界未来能源供应体系。

8月6日　国务院发出《关于加强节能工作的决定》（国发〔2006〕28号）。

12月26日　由科技部、中国气象局、中国科学院等12个部委、88位专家编写的中国第一部《气候变化国家评估报告》发布，主要内容包括三部分：气候变化的历史和未来趋势，气候变化的影响与适应；减缓气候变化的社会经济评价。该报告明确提出，"积极发展可再生能源技术和先进核能技术，以及高效、洁净、低碳排放的煤炭利用技术，优化能源结构，减少能源消费的CO_2排放"；"保护生态环境并增加碳吸收汇，走低碳经济的发展道路"。

2007 年

3月21日　农业部颁发《全国农村沼泽工程建设规划（2006～2010年)》。

4月10日　发展改革委出台《能源发展"十一五"规划》。

5月23日　国务院发出《关于印发节能减排综合性工作方案的通知》。

6月4日　中国正式发布《中国应对气候变化国家方案》。这是中国第一份应对气候变化的政策性文件，也是发展中国家在该领域的第一份国家方案。对中国而言，这是中国气候领域里的根本"大法"，明确了应对气候变化的指导思想、原则和具体目标，提出了相关政策措施，为各行业、部门、各地确定节能减排、气候变化举措提供了依据。《方案》记述了气候变化的影响及中国将采取的政策手段框架，包括转变经济增长方式，调节经济结构和能源结构，控制人口增长，开发新能源与可再生能源以及节能新技术，推进碳汇技术和其他适应技术等。《方案》把到2010年实现单位国内生产总值能源消耗比2005年末降低20%左右的目标确立为我国应对气候变化的重要目标，实现这一目标将意味着我国在"十一五"期间节约能源约6.2亿吨标准煤，相当于少排放二氧化碳约15亿吨。

6月8日　中国国家主席胡锦涛出席八国集团同中国、印度、巴西、南非和墨西哥五个发展中国家领导人对话会议并发表讲话，强调要坚持《联合国气候变化框架公约》所确立的共同但有区别的责任原则。胡锦涛强调，中国坚持贯彻以人为本、全面协调可持续发展的科学发展观，积极推动经济社会又好又快发展，走生产发展、生活富裕、生态良好的文明发展道路。尽管目前中国的人均二氧化碳排放不到发达国家平均水平的三分之二，但中国政府高度重视气候变化，采取了一系列减缓温室气体排放的政策措施。

6月12日　国务院发出《关于成立国家应对气候变化及节能减排工作领导小组的通知》，为切实加强应对气候变化和节能减排工作的领导，决定成立国家应对气候变化及节能减排工作领导小组，作为国家应对气候变化和节能减排工作的议事协调机构。领导小组的主要任务是：研究制定国家应对气候变化的重大战略、方针和对策，统一部署应对气候变化工作，研究审议国际合作和谈判方案、协调解决应对气候变化工作中的重大问题；组织贯彻落实国务院有关节能减排工作的方针政策，统一部署节能减排工作，研究审议重大政策建议，协调解决工作中的重大问题。国务院总理温家宝任领导小组组长，国务院副总理曾培炎、国务委员唐家璇任副组长。

6月14日　科学技术部、发展改革委、外交部、教育部、财政部、水利部、农业部、国家环保总局、国家林业局、中国科学院、中国气象局、国家自然科学基金会、国家海洋局、中国科学技术协会联合发布《中国应对气候变化科技专项行动》，以落实《中国应对气候变化国家方案》。其重要任务为：气候变化的科学问题；控制温室气体排放和减缓气候变化的技术开发；适应气候变化的技术和措施；应对气候变化的重大战略与政策。

7月2日　农业部正式发布了《农业生物质能产业发展规划（2007～2015年)》。

7月20日　中国绿色碳基金成立。中共中央政治局常委、全国政协主席贾庆林在成立仪式上讲话指出，成立中国绿色碳基金，积极实施以增加森林储能为目的的植树造林、保护森林等林业碳汇项目，是在中国碳汇事业和生物质能源发展进程中迈出的重要一步，是具有前瞻性和深远意义的一件大事。

9月8日　中国国家主席胡锦涛在亚太经合组织（APEC）第15次领导人会议上，本着对人类、对未来的高度负责态度，对事关中国人民、亚太地区人民乃至全世界人民福祉的大事，郑重提出了四项建议，明确主张"发展低碳经济"，令世人瞩目。他在这次重要讲话中，强调要"发展低碳经济"、研发和推广"低碳能源技术"、"增加碳汇"、"促进碳吸收技术发展"。他还提出："开展全民气候变化宣传教育，提高公众节能减排意识，让每个公民自觉为减缓和适应气候变化做出努力。"胡锦涛主席还建议建立"亚太森林恢复与可持续管理网络"，共同促进亚太地区森林恢复和增长，减缓气候变化。

10月17日　国家发展和改革委员会出台《新能源汽车生产准入管理规则》。

10月28日　第十届全国人民代表大会常务委员会第三十次会议修订1997年11月1日第八届全国人大第二十八次会议通过的《中华人民共和国节约能源法》，自2008年4月1日起施行。

11月　国务院正式批准了发展改革委上报的《国家核电发展专题规划（2005～2020年）》，标志着我国进入了核电建设与发展的新时代。《规划》提出，到2020年，我国核电运行装机容量争取达到4000万千瓦；核电年发电量达到2600～2800亿千瓦时。在目前在建和运行核电容量1696.8万千瓦的基础上，新投产核电装机容量约2300万千瓦。同时，考虑核电的后续发展，2020年末在建核电容量应保持1800万千瓦左右。

2008年

3月3日　国家发展和改革委员会出台《可再生能源发展"十一五"规划》。

6月27日　中共中央总书记胡锦涛在中共中央政治局第六次集体学习时作重要讲话：必须以对中华民族和全人类长远发展高度负责的精神，充分认识应对气候的重要性和紧迫性，坚定不移地走可持续发展道路，采取更加有力的政策措施，全面加强应对气候变化能力建设，为我国和全球可持续发展事业进行不懈努力。强调要大力落实控制温室气体排放的措施，坚持实施节约资源和保护环境的基本国策，坚持走中国特色新型工业化道路，加快转变经济发展方式，强化能源节约和高效利用，积极发展循环经济、低碳经济，不断扩大森林覆盖率。

7 月 9 日　中国国家主席胡锦涛出席经济大国能源安全和气候变化领导人会议并发表讲话。他指出，气候变化从根本上说是发展问题，只有在可持续发展的前提下才能妥善解决。应该建立适应可持续发展要求的生产方式和消费方式。优化能源结构，推进产业升级，发展低碳经济，努力建设资源节约型、环境友好型社会，从根本上应对气候变化的挑战。

8 月 29 日　第十一届全国人民代表大会常务委员会第四次会议通过《中华人民共和国循环经济促进法》，自 2009 年 1 月 1 日起施行。

10 月 29 日　国务院新闻办公室发表《中国应对气候变化的政策与行动》白皮书，全面介绍了气候变化对中国的影响，中国减缓和适应气候变化的政策与行动，以及中国对此进行的体制机制建设。

2009 年

1 月 6 日　科学技术部和财政部在武汉共同启动了"十城千辆"电动汽车示范应用工程和百辆混合动力公交车投放，决定在 3 年内，每年发展 10 个城市，每个城市在公交、出租、公务、市政、邮政等领域推出 1000 辆新能源汽车开展示范运行。

2 月 9 日　《汽车产业调整振兴规划细则》出台，提出"逐步实现国产电动汽车产销规模"。

3 月 20 日　《汽车产业调整和振兴规划》出台，规划期为 2009 年到 2011 年。《规划》提出实施新能源汽车战略，推动纯电动汽车、充电式混合动力汽车及其关键零部件的产业化。

3 月 23 日　财政部、住房城乡建设部等中央部委发布了《太阳能光电建筑应用财政补助资金管理暂行办法》、《关于加快推进太阳能光电建筑应用的实施意见》，支持开展光电建筑应用示范，实施"太阳能屋顶计划"，城市光电建筑一体化应用，对农村及偏远地区建筑光电利用等给予定额补助，2009年补助标准原则上定为每瓦补贴20元。

7月6日　财政部、住房和城乡建设部发布《可再生能源建筑应用城市示范实施方案》。根据《可再生能源法》，为落实国务院节能减排战略部署，加快发展新能源与节能环保新兴产业，推动可再生能源在城市建筑领域大规模应用，财政部、住房和城乡建设部将组织开展可再生能源建筑应用城市示范工作。

8月4日　上海环境能源交易所宣布已正式启动"绿色世博"自愿减排交易机制和交易平台的构建。全国参观者通过这个平台购买支付自己行程中的碳排放，实现自愿减排。所集得的资金，上海环境能源交易所将用来购买碳排放权，平抑世博期间的碳排放，达到全球范围内的碳排放数量的平衡。

8月8日　我国规划建设的第一座千万千瓦级风电示范基地——甘肃酒泉风电基地正式开工建设，这标志着中国风电建设进入了规模化发展的新阶段。发展改革委副主任、国家能源局局长张国宝在开工仪式上说，今年来中国风电装机规模迅速扩大，连续三年成倍增长，风电装机规模已居世界第四，并且培育形成了风电装备制造产业体系，成为增长率最高的一个新兴产业，为风电的更大规模发展奠定了良好的产业基础。

8月27日　十一届全国人大常委会第十次会议通过了《全国人大常委会关于积极应对气候变化的决议》。这是全国人大首次对应对气候变化做出决议。《决议》强调，要立足国情发展绿色经济、低碳经济。这是促进节能减排、解决我国资源能源环境问题的内在要求，也是积极应对气候变化、创造我国未来发展新优势的重要举措。研究制定发展绿色经济、低碳经济的政策措施，加大绿色投资，倡导绿色消费，促进绿色增长。要紧紧抓住当今世界开始重视发展低碳经济的机遇，加快发展高碳能源低碳化利用和低碳产业，建设低碳型工业、建筑和交通体系，大力发展清洁能源汽车、轨道交通，创造以低碳排放为特征的新的经济增长点，促进经济发展模式向高能效、低能耗、低排放模式转型，为实现我国经济社会可持续发展提供新的不竭动力。

8 月 28 日 中国广东核电集团控股的我国规划建设的第一个光伏并网发电特许权项目——10 兆瓦光伏发电项目，在甘肃敦煌开工建设。这标志着我国第一个光伏发电特许权项目进入正式实施阶段，我国太阳能产业进入快速发展的新阶段。敦煌项目总投资 2.03 亿元，年均发电 1805 万千瓦时，上网电价 1.09 元/千瓦时，计划工期 14 个月，计划于 2010 年底建成投产，建成后将成为世界最大的光伏电站。

9 月 4 日 我国首座也是亚洲首座海上风力发电场——上海东海大桥风电场首批 3 台机组正式并网发电。该海上风电场计划安装 34 台单机容量为 3000 千瓦的风电机组，总装机容量 10.2 万千瓦，由大唐集团公司、上海绿色环保能源有限公司、中广核风力发电有限公司和中电国际新能源控股有限公司共同出资组建的上海东海风力发电有限公司负责投资开发和运营管理工作。

9 月 27 日 发展改革委副主任解振华在"中国节能减排和应对气候变化"新闻发布会上表示，下一步我国将进一步加大结构调整的力度，对于节能、环保、循环经济以及节能服务产业等方面的发展，还会出台一系列新的政策。中国将把应对气候变化纳入经济社会发展的规划，继续加强节能、提高能效的工作，大力发展可再生能源和核能，大力植树造林，增加碳汇，大力发展绿色经济，积极发展低碳经济和循环经济，研发和推广气候友好的技术，不断地为应对气候变化做出贡献。

11 月 18 ~ 21 日 由发展改革委、环保部等 7 部委和江西省政府共同主办的首届世界低碳与生态经济大会在江西南昌举行。大会发布《绿色崛起之路——江西省低碳经济社会发展纲要》（白皮书）和《南昌宣言》。《南昌宣言》由来自 25 个国家的驻华使节及国际机构代表、近千家企业领导人共同发起。《宣言》倡议，在全球范围内大力发展低碳与生态经济，提倡低能耗、低污染、低排放，推行能源高效利用、清洁能源开发、绿色 GDP 核算等，力求低碳经济模式和低碳生活方式双管齐下，实现人类生存发展观念的根本性转变。

11月19日　国务院副总理李克强在中欧战略伙伴关系研讨会上提出，应对气候变化、保护生态环境是国际社会的共同愿望，也是中国可持续发展的内在要求。加大节能增效力度，发展绿色经济、循环经济、低碳经济，有利于促进资源节约型、环境友好型社会建设，有利于推进产业结构优化升级、培育新的经济增长点，可以也应当作为中国经济结构战略性调整的重要抓手和现实突破口。

11月　国家发展和改革委员会发布《中国应对气候变化的政策与行动——2009年度报告》。《报告》内容包括减缓气候变化的政策与行动、适应气候变化的政策与行动、地方应对气候变化行动、气候变化领域国际合作、体制机制建设与公众意识提高等。

12月18日　中国国务院总理温家宝在哥本哈根联合国气候变化大会领导人会议上发言，总结出中国应对气候变化四个成就：中国是最早制定实施《应对气候变化国家方案》的发展中国家，中国是近年来节能减排力度最大的国家，中国是新能源和可再生能源增长速度最快的国家，中国是世界人工林面积最大的国家。说明中国政府确定减缓温室气体排放的目标是中国根据国情采取的自主行动，是对中国人民和全人类负责的，不附加任何条件，不与任何国家的减排目标挂钩。

2010年

1月14日　国务院总理温家宝在"2010年度国家科学技术奖励大会"上发表讲话强调，要大力发展战略性新兴产业。在新能源、新材料和高端制造、信息网络、生命科学、空天海洋地球科学等领域，推动共性关键技术攻关，加快科研成果向现实生产力转化，逐步使战略新兴产业成为可持续发展的主导力量。

1月14~17日　中共中央总书记、国家主席胡锦涛在上海市考察工作。

胡锦涛强调，要把加快经济发展方式转变作为深入贯彻落实科学发展观的重要目标和战略举措，进一步推进产业结构优化升级，进一步增强自主创新能力，进一步推进节能减排和环境保护，进一步深化改革开放，在转变经济发展方式上取得突破性进展。

1月15日　交通运输部部长李盛霖在全国交通工作会议上指出，交通运输行业是用能大户，也是节能减排的重点领域。2010年及"十二五"期间，交通运输业将加快建立以低碳为特征的交通运输体系。

1月15日　"海南低碳经济产业及技术研讨会"在海南大学召开。会议提出，要充分利用海南独特的地理优势，在"国际旅游岛"政策方针和品牌的带动下，积极培育发展战略性新兴产业，对风能、太阳能、生物质等新能源的可持续开发与利用，争取在发展低碳经济方面成立全国的试验范区。

1月16日　住房和城乡建设部与深圳市人民政府在深圳举行共建国家低碳生态示范市合作框架协议签字仪式。住房城乡建设部副部长仇保兴与广东省委常委、深圳市人民政府代市长王荣分别代表双方签字并致辞。仇保兴在致辞中强调，建设低碳生态城市是我国城市发展的必然趋势，深圳市是住房城乡建设部开展合作共建的第一个国家低碳生态示范市，希望在低碳生态城市建设、低碳生态技术建筑应用研发等方面积极探索，大力推进绿色交通、绿色建筑，促进深圳的城市发展转型和可持续发展，为全国的低碳生态城市建设发挥示范作用。

1月19日　全国低碳经济媒体联盟启动仪式在北京举行。仪式上宣读了《全国低碳经济媒体宣言》，各成员面对联盟会徽庄严宣誓，承诺将以宣传低碳经济为己任，积极响应国家关于低碳经济的各项方针、政策，配合国家总体部署进行。

1月20日　中国电力投资集团公司投资建设的我国首个万吨级燃煤电厂二氧化碳捕集装置在重庆合川双槐电厂正式投运。该装置总投资1235万元，与国外同等规模的二氧化碳捕集规模装置相比，单位投资成本可降低40%～

50%。投运后，每年可处理烟气量最大约5000万标准立方米，从中捕集浓缩得到1万吨液体二氧化碳，二氧化碳浓度在99.5%以上。

1月23日　国家环境环保部、科学技术部联合启动"推动发展低碳经济投融资战略同盟"，表示将全力推进投融资机构与环保企业的融合，让更多的资金进入低碳经济领域。

1月25日　国家旅游局局长邵琪伟在2010年全国旅游工作会议上提出，国家旅游局将选择若干重点省份和重点城市，推进旅游综合改革试点。湘潭市准备将昭山示范区68平方公里、九华示范区138平方公里区域申报为"国家旅游业发展低碳经济示范区"，积极探索旅游业与三次产业结合催生复合型新业态的有效途径，努力创造可供全国借鉴的低碳经济发展新模式。

1月26日　国内首个低碳经济产品展示交易中心已选址深圳市宝安区。这个名为"光之明（国际）低碳与生态企业总部"的项目，由加拿大华商会、香港环城通科技（国际）投资有限公司以及深圳市光之明投资有限公司共同投资、管理，占地面积37310平方米，总投资将达3亿元。该项目拟打造成一个集低碳产业的人才、产品研发、信息交流、展览营销、管理服务、科普为一体的企业总部集聚地。根据规划，该项目一期工程主要包括新能源电动汽车及燃料电池配件产品展销中心以及核能、风能、智能产品展销中心，二期工程主要包括气能、太阳能、风光互补产品展销中心等。初步预测，该项目前两年每年产值超过20亿元，创税1亿元。三年后每年产值将达到100亿元，5年后每年产值达到500亿元。

1月27日　《国务院办公厅关于成立国家能源委员会的通知》发布，根据第十一届全国人民代表大会第一次会议审议批准的国务院机构改革方案和《国务院关于议事协调机构设置的通知》精神，为加强能源战略决策和统筹协调，国务院决定成立国家能源委员会。温家宝总理任主任，李克强副总理任副主任。

1月28~29日　国家发展和改革委员会在京召开了首次全国发展改革系

统应对气候变化工作会议。会议的主题是：以科学发展观为指导，认真学习贯彻中央经济工作会议精神，落实全国发展改革工作会议部署，全面总结"十一五"以来应对气候变化的工作情况，深入分析哥本哈根会议之后的形式与任务，围绕贯彻落实国家控制温室气体排放的行动目标和发展低碳经济，研究部署今后一个时期全国发展改革系统的应对气候变化工作。发展改革委主任张平、副主任解振华出席会议并讲话。

1月29日　兴业银行和北京环境交易所在北京推出了国内首张低碳信用卡，持卡人可根据个人每年预计产生的碳排放量，购买相应的碳排放量，实现个人碳中和。

2月5日　《国务院关于进一步加强淘汰落后产能工作的通知》发布。

2月26日　由全国妇联宣传部、中国家庭文化研究会主办的"低碳家庭研讨暨行动推进会"在京举行。会议的主题口号是"低碳坐言立行，挽救地球家园"。

3月24日　国家发展和改革委员会发布关于印发《应对气候变化领域对外合作管理暂行办法》的通知，进一步规范应对气候变化领域对外合作。

3月25日　"中国环境与发展国际合作委员会2010年圆桌会议"在上海召开。会议以城市低碳转型与绿色发展为主题，以迎接城市发展的低碳转型、城市发展的能源效率与环境挑战、城市绿色发展的环境与经济政策3个专题为主线，分享了国合会2009年政策研究成果及其给中国政府的政策建议，探讨了中国转变发展方式、调整经济结构面临的挑战以及在城市低碳转型和绿色发展方面的探索与实践。

3月28日　国土资源部启动地球日"低碳生活"好点子征集活动。

3月29日　"第六届国际绿色建筑与建筑节能大会"在京开幕，主题是"加快可再生能源应用，推动绿色建筑发展"。

4月2日　国务院发布《关于加快推进合同能源管理促进节能服务产业发展的意见》，对合同能源管理的发展目标、资金补助、税收优惠、会计政策、示范项目等做出了说明。发展目标分两步走：到2012年，扶持培育一批专业化节能服务公司，建立活跃的节能服务市场；到2015年，建立较完善的节能服务体系，专业化节能服务公司进一步壮大，合同能源管理成为用能单位实施节能改造的主要方式之一。

4月15日   交通运输部部长李盛霖主持召开专题会议，审议并原则通过了《建设低碳交通运输体系研究大纲》，标志着交通运输部党组重大研究课题——低碳交通运输体系研究正式启动。

4月22日   "中国特色低碳经济研讨会暨全国低碳国土试验区启动仪式"在北京中国科技会堂举行。会上讨论修订通过了《全国低碳国土试验区共建工程纲要》，宣布了第一批全国低碳国土试验区预选单位。

4月28日   为期两天的"中国城市森林论坛"落幕，70多个参会城市发出《武汉宣言》，倡议人类社会行动起来，发展城市森林，打造低碳城市，从而消除个人的碳足迹。

5月14日   全国"车、船、路、港"千家企业低碳交通运输专项行动在武汉启动。到2010年底，共有1126家交通运输企业参加了该项行动，覆盖了公路水路交通运输行业全领域。参加企业在专项行动期间节能总量超过200万吨标准煤。

6月4日   《国务院办公厅关于进一步加大节能减排力度加快钢铁工业结构调整的若干意见》发布，明确要求坚决抑制钢铁产能过快增长，加大淘汰落后产能力度，进一步强化节能减排，加快钢铁企业兼并重组。

6月6日   北京环境交易所与清洁技术投资基金在"北京低碳论坛"上共同推出全球第一个中国低碳指数（China Low Carbon Index）。中国低碳指数将是首个反映中国低碳产业发展和证券化程度的指数，同时也是第一个以人民币计价的低碳指数。指数覆盖四大主题下的诸如太阳能、风能、核能、水电、清洁煤、智能电网、电池、能效（包括LED）、水处理和垃圾处理等。

6月18日   发展改革委、工业和信息化部、财政部对《"节能产品惠民工程"节能汽车推广目录（第一批）》公告。

7月19日 经国务院同意，国家发展和改革委员会发出《关于开展低碳省区和低碳城市试点工作的通知》，在广东、辽宁、湖北、陕西、云南五省和天津、重庆、深圳、厦门、杭州、南昌、贵阳、保定八市开展低碳试点工作。试点省市的具体任务是：编制低碳发展规划，制定支持低碳绿色发展的配套政策，加快建立以低碳排放为特征的产业体系，建立温室气体排放数据统计和管理体系。

7月30日 商务部低碳示范工程项目在南京试点开展。该项目将在南京经济技术开发区设立一个低碳产业示范园区，同时自建邺区选址打造一个"零排放"绿色中心商务区，商务区内建筑应用的产品将来自产业园区，最终实现"两区联动"发展。

8月27日 由神华集团建设的二氧化碳捕获与封存全流程项目（CCS）在内蒙古自治区鄂尔多斯市伊金霍洛旗开工建设。这是发展中国家首次开发同类项目，投产后将成为亚洲规模最大的同类工程。工程是从煤制油生产线中捕集二氧化碳，经过提纯、液化等环节封存起来，预计每年可减少10万吨的二氧化碳，相当于4150亩森林吸收的二氧化碳量。

8月30日 由国务院5月批准设立的中国绿色碳汇基金会正式成立。

9月8日 国务院常务会议审议并原则通过《国务院关于加快培育和发展战略性新兴产业的决定》。会议确定了七大产业作为战略性新兴产业发展的重点方向，节能环保、新能源、新能源汽车列入其中。

9月25日 国内首个低碳物流园区——安徽益民低碳物流园区评审会在合肥市召开。该规划首次提出了"低碳物流"的概念并融入园区的功能规划中，在运输管理、仓库管理、办公管理、绿化设计、水循环、屋顶设计、光伏照明、产品包装、道路及地面设计等环节对低碳标准进行了针对性的规划设计，该《规划》对指导我国物流园区规划建设具有重要意义。

11月16日 国际非盈利机构气候组织在京启动"碳路未来——中国企业

碳战略"项目。英国前首相、气候组织发起人托尼·布莱尔（Mr. Tony Blair）、气候组织大中华区总裁吴昌华、中国可持续发展研究会副理事长张坤民、中国电力企业联合会秘书长王志轩等出席了项目启动仪式。该项目着眼于中国本土企业的低碳发展问题，通过与领袖企业共同探讨企业低碳发展的机遇、挑战、要素与路径等问题，提升中国企业的低碳意识，协助企业制定适合的低碳发展战略，并借助这些领袖企业的领导力来影响更多的企业，从而更好地推动最佳低碳实践。

11 月 24 日　由环境保护部环境发展中心主办的"首批中国环境标志低碳认证标准发布暨首批获得中国环境标志低碳产品认证颁证仪式"在北京举行。这是国家环保部发布的第一个有关家电产品绿色低碳标准，同时也是最严格的标准。

12 月 3 日　为规范二氧化碳排放量等环境权益跨境交易所涉收付款业务，国家外汇管理局发布《国家外汇管理局综合司关于办理二氧化碳减排量等环境权益交易有关外汇业务的通知》，促进环境权益跨境交易便利化，推动低碳经济健康发展。

12 月 15 日　我国第一个高含碳气田中石油吉林油田公司长岭气田全面建成投产。长岭气田高含碳气田的开发成功，不仅标志着我国第一个集天然气开采、二氧化碳分离、二氧化碳埋存和驱油提高采收率技术于一体的国家重大科技示范工程的竣工，更意味着我国在深层火山岩复杂气藏水平井开采技术、致密砂岩气藏水平井多段压裂增产技术、二氧化碳分离和防腐技术、二氧化碳埋存和驱油提高采收率等四项主导技术上已取得了重大突破，这对我国乃至世界加快高碳气田开发都具有重要的战略性示范作用。

12 月 26 日　"中国低碳城市指标评价体系"昆明研讨会召开。"中国低碳城市指标评价体系"主要关注绿色建筑、低碳交通、低碳产业三大领域。

2011 年

2011 年 1 月 24 日　国家低碳省区低碳城市试点工作座谈会在重庆召开。

会上，低碳试点的 5 省 8 市领导汇报了试点进展情况，总结一些工作经验。发展改革委副主任解振华主持会议并做了重要讲话，对全国低碳试点下一步的工作提出了 6 点要求。一是尽快批复各省区低碳试点方案，并将方案纳入各地"十二五"规划中同步实施。二是组织相关部门和单位，研究各省市提出的意见和建议，研究制定配套政策。三是要加强试点省、试点市之间的联系和交流，采取现场会、经验交流会等形式将好的经验和做法及时在全国推广。四是对重大问题进行集中研讨。将组织试点省区对低碳发展中的一些重大问题进行集中研讨，寻求对策，逐步探索具有中国特色的低碳化发展道路。五是要加强人员培训，通过促进项目建设等形式促进人员交流培训，提高低碳建设能力。六是要加强国际合作。在加强同发达国家合作的同时也要和发展中国家合作。

2 月 24～25 日　交通运输部在无锡召开"车、船、路、港"千家企业低碳交通运输专项行动总结会暨低碳交通运输体系城市试点启动会。会议确定天津、重庆、深圳、厦门、杭州、南昌、贵阳、保定、武汉、无锡 10 个城市作为低碳交通运输体系试点城市。

2 月 26 日　发展改革委修订并发布了新的《产业结构调整指导目录（2011 年本）》。《产业结构调整指导目录（2011 年本）》更加注重落实可持续发展的要求，按照建设资源节约型和环境友好型社会的要求，在相应的生产和消费环节中，都增加了相关内容。例如，在"环境保护与资源节约综合利用"门类中，新增了"废旧物品等再生资源循环利用技术与设备开发"、"废旧机电产品的再利用、再制造"等条目，在几乎所有制造业门类中均增加了清洁生产工艺、节能减排、循环利用等方面的内容。

3 月 9 日　发展改革委公布：2011 年资源节约和环境保护主要目标单位国内生产总值能耗比上年下降 3.5%；二氧化硫、化学需氧量、氨氮化合物和氮氧化物四项主要污染物排放量均比上年减少 1.5%；万元工业增加值用水量比上年下降 7%；工业固体废物综合利用率比上年提高 1 个百分点；城市污水处理率达到 80%；城市生活垃圾无害化处理率达到 74%。

3 月 24 日　由清华大学、剑桥大学、麻省理工学院主办的"2011 低碳能源与应对气候变化国际会议"在京召开。"三校联盟"旨在为发展低碳经济和低碳社会，应对全球气候变化，提供先进能源技术和政策选择。已经明确了 6个主要合作领域：洁净煤技术和 CCS（碳捕获和埋存），建筑节能、城镇规划、工业节能与可持续交通，生物质能与其他可再生能源，先进核能技术，智能电网，能源政策与能源规划。

6 月 10～12 日　中国低碳经济技术产学研合作论坛在海南召开。论坛共设 5 个主题发言：国家应对气候变化相关政策、科技部应对气候变化"十二五"规划、科技创新与节能减排、国际碳交易市场发展与中国市场展望和低碳转型与城市跨越发展。

6 月 18～21 日　联合国工业发展组织（UNIDO）和国际节能环保协会（IEEPA）共同主办的第四届世界环保大会将在中国青岛市隆重举办。大会围绕中国的低碳发展模式与机遇、企业的市场与未来、生态城市建设、区域经济和绿色工业、固废处理、绿色建筑、地产与可持续、绿色金融体系、碳市场、节能环保产业、新能源和可再生能源、水资源与水处理、绿色交通及新能源汽车产业链等热点问题，展开讨论。

6 月 22 日　财政部发布《节能减排财政政策综合示范指导意见》。《意见》中强调在部分城市开展节能减排财政政策综合示范，通过整合财政政策，加大资金投入力度，力争取得节能减排工作新突破。选定了北京市、深圳市、重庆市、浙江省杭州市、湖南省长沙市、贵州省贵阳市、吉林省吉林市、江西省新余市等 8 个第一批示范城市，并研究制定了《节能减排财政政策综合示范指导意见》。

7 月 12 日　宁夏打造首个移民"低碳村"。鲁家窑将成为宁夏首个"低碳村"，对促进全区农村建筑节能工作将起到示范带动作用。在生态移民住房建设中，大力推广建筑节能新技术、新产品；同步建设太阳能热水供应、采暖、光伏照明系统。在红寺堡区鲁家窑生态移民安置点，组织实施建筑节能示范工程。该项目严格执行宁夏现行建筑节能标准，围护结构采用新型墙体材料和外墙保温隔热技术、屋面保温隔热技术及节能门窗技术，居住建筑统一配置太阳能热水和太阳能采暖系统，道路和景观照明采用太阳能光伏发电照明技术。

8月31日 国务院发布《"十二五"节能减排综合性工作方案》。《方案》明确了"十二五"节能减排的总体要求、主要目标、重点任务和政策措施，分十二个部分，共50条。十二个部分分别是：节能减排总体要求和主要目标；强化节能减排目标责任；调整优化产业结构；实施节能减排重点工程；加强节能减排管理；大力发展循环经济；加快节能减排技术开发和推广应用；完善节能减排经济政策；强化节能减排监督检查；推广节能减排市场化机制；加强节能减排基础工作和能力建设；动员全社会参与节能减排。

10月29日 发展改革委下发《关于开展碳排放权交易试点工作的通知》，批准7个省市开展碳排放权交易试点工作，分别是北京市、天津市、上海市、重庆市、湖北省、广东省及深圳市。

11月26日 第六届中日节能环保综合论坛在北京举行。中共中央政治局常委、国务院副总理李克强出席开幕式并发表致辞。他指出，中日节能环保合作已经成为两国经贸合作的新亮点，应当登高望远，从战略上推动节能环保合作不断深化，增强创新转型发展的能力，培育新的经济增长点，为两国经济稳定增长和世界经济逐步复苏作出贡献。分论坛围绕领跑者制度、绿色建筑、污水和污泥处理、循环经济、新能源汽车、能源（煤炭和火力发电）、中日长期贸易等七个议题进行研讨。

11月21日 由江苏省环境科学学会、江苏省环保宣教中心和江苏省环境保护联合会联合主办的江苏生态文明建设暨低碳经济论坛在如皋市举行。"十二五"期间，江苏省将形成一批各具特色的低碳城市、低碳园区、低碳企业和低碳社区，加快建立以低碳排放为特征的工业、能源、交通、建筑等产业体系、生产方式和消费模式。江苏生态文明建设暨低碳经济论坛为全省经济社会又好又快发展提供了一个综合性的学术交流平台，收到了积极的效果。

12月1日　国务院发布《关于印发"十二五"控制温室气体排放工作方案的通知》（国发〔2011〕41号），指出"十二五"期间主要目标：大幅度降低单位国内生产总值二氧化碳排放，到2015年全国单位国内生产总值二氧化碳排放比2010年下降17%。控制非能源活动二氧化碳排放和甲烷、氧化亚氮、氢氟碳化物、全氟化碳、六氟化硫等温室气体排放取得成效。应对气候变化政策体系、体制机制进一步完善，温室气体排放统计核算体系基本建立，碳排放交易市场逐步形成。通过低碳试验试点，形成一批各具特色的低碳省区和城市，建成一批具有典型示范意义的低碳园区和低碳社区，推广一批具有良好减排效果的低碳技术和产品，控制温室气体排放能力得到全面提升。另外，特别将"十二五"碳强度下降目标分解落实到各省（自治区、直辖市）。

12月7日　发展改革委、教育部、工业和信息化部、财政部、住房城乡建设部、交通运输部等十二个部门联合印发了《万家企业节能低碳行动实施方案》。万家企业是指年综合能源消费量10000吨标准煤以上以及有关部门制定的年综合能源消费量5000吨标准煤以上的重点用能单位。"十二五"期间，国家将从强化目标责任、建立能源管理体系、加强能源计量统计、开展能源审计和编制节能规划、加大节能技术改造力度、加快淘汰落后用能设备和生产工艺、开展能效达标对标、健全节能激励约束机制、开展节能宣传与培训等方面加强万家企业的节能监管，力争"十二五"期间实现节能2.5亿吨标准煤。

2012年

6月8日　全国首家"中国环境标志——低碳建筑标准"验证示范项目在天津市滨海新区举行授牌仪式，由环境保护部环境发展中心主办，项目授予天津经纬城市绿洲·海通园。作为全国第一家低碳建筑规划验证项目，经纬城市绿洲落户天津滨海新区大港港东新城，标志着生态住宅、绿色地产、低碳建筑已从理念落地成为实践。

6月13日 发展改革委关于印发《温室气体自愿减排交易管理暂行办法》的通知（发改气候〔2012〕1668号），确立自愿减排交易机制的基本管理框架、交易流程和监管办法，建立交易登记注册系统和信息发布制度，鼓励基于项目的温室气体自愿减排交易，保障有关交易活动有序开展。

6月29日 国务院印发了《"十二五"节能环保产业发展规划》（国发〔2012〕19号）。《规划》分析了我国节能环保产业发展现状及面临的形势，提出到2015年我国节能环保产业总产值达4.5万亿元，增加值占国内生产总值的比重为2%左右的总体目标，明确了政策机制驱动、技术创新引领、重点工程带动、市场秩序规范、服务模式创新的基本原则，并提出了七个方面的政策措施。

8月5日 大连首个低碳公园正式开园。公园位于大连市高新园区"大连天地"黄泥川知识社区，向市民免费开放。低碳公园占地面积1.2万平方米，投资2700万元。公园通过风力和太阳能发电以及雨水回收、垃圾处理等低碳技术，解决自身能源供给和污物排放需求，将造林绿化与节能减排相结合，突出低碳环保理念，对公众了解低碳知识、强化环保理念、增强环境自觉将发挥积极作用。

8月6日 国务院正式印发了《节能减排"十二五"规划》（国发〔2012〕40号）。《规划》提出了三项重点任务：调整优化产业结构、推动能效水平提高、强化主要污染物减排。

8月20日 兰州新区获批全国第五个国家级新区，新区将以发展新兴产业低碳经济为高端切入，同时，兰州将出台政策加快推进新区生态建设。

9月19日 国务院批复同意自2013年起，将每年"全国节能宣传周"的第三天设立为"全国低碳日"，加强对应对气候变化和低碳发展的宣传引导。

10月14日   环境保护专家委员会第一次全体会议暨"国家环保低碳产业园"专家评审会在北京会议中心召开。会议原则通过了环境保护专家委员会章程及人事安排建议方案，与会委员听取了"国家环保低碳产业园"策划方案的汇报，原则通过了策划方案。

12月1日   第二届中国西部循环经济高峰论坛在甘肃省兰州城市学院举行。论坛主题是"绿色发展，循环发展，低碳发展"。

12月5日   "中国碳市场与绿色发展论坛"在多哈卡塔尔国家会议中心中国角举行。与会代表就中国碳市场的现状和发展、清洁发展机制等问题进行了深入交流和热烈讨论。

12月5日   发展改革委印发了《关于开展第二批国家低碳省区和低碳城市试点工作的通知》。在北京市、上海市、海南省和石家庄市、秦皇岛市、晋城市、呼伦贝尔市、吉林市、大兴安岭地区、苏州市、淮安市、镇江市、宁波市、温州市、池州市、南平市、景德镇市、赣州市、青岛市、济源市、武汉市、广州市、桂林市、广元市、遵义市、昆明市、延安市、金昌市、乌鲁木齐市开展第二批国家低碳省区和低碳城市试点工作。试点工作的6项任务是：明确工作方向和原则要求，编制低碳发展规划，建立以低碳、绿色、环保、循环为特征的低碳产业体系，建立温室气体排放数据统计和管理体系，建立控制温室气体排放目标责任制，积极倡导低碳绿色生活方式和消费模式。

2013年

1月1日   国务院办公厅《关于转发发展改革委、住房城乡建设部绿色建筑行动方案的通知》（国办发〔2013〕1号），明确了开展绿色建筑行动的重要意义、指导思想、主要目标、基本原则和重点任务与保障措施。

2月18日   发展改革委、国家认监委关于印发《低碳产品认证管理暂行办法》的通知（发改气候〔2013〕279号），旨在提高全社会应对气候变化意识，引导低碳生产和消费，规范和管理低碳产品认证活动。

5月6日   甘肃省嘉峪关市建成全省第一家公共自行车租赁系统。该系统总投资 125 万元，在市区主要景点、宾馆、商场等地段建设了 7 个公共自行车租赁站点，投放 150 辆自行车。公共自行车在方便市民出行的同时，最大限度地减轻城市道路交通压力，对探索绿色、低碳、节能的环保新道路具有积极意义。

6 月 14 日　第四届"低碳发展·绿色生活"公益影像展开幕式在京召开。开幕式同时发布了"中国低碳榜样"，揭晓了"全国低碳日"标识及口号。

6 月 15 ~ 21 日　我国第 23 个全国节能宣传周。6 月 17 日全国首个"全国低碳日"启动仪式暨应对气候变化主题展览开幕式在北京首都博物馆举行。宣传周和低碳日的主题是"践行节能低碳　建设美丽家园"。6 月 20 日，联合国秘书长潘基文参观了"2013 年全国低碳日应对气候变化主题展览"，并与解振华副主任就应对气候变化峰会、相关国际谈判以及节能低碳发展等议题进行了深入交流。为做好低碳宣传工作，提高公众应对气候变化和低碳发展意识，在发展改革委的指导下，各地方于低碳日前后开展了内容丰富、各具特色的低碳宣传活动。

8 月 1 日　国务院发布《关于加快发展节能环保产业的意见》（国发〔2013〕30 号），提出加快节能环保产业发展的指导思想、基本原则、主要目标，指出要：围绕重点领域，促进节能环保产业发展水平全面提升；发挥政府带动作用，引领社会资金投入节能环保工程建设；推广节能环保产品，扩大市场消费需求；加强技术创新，提高节能环保产业市场竞争力；强化约束激励，营造有利的市场和政策环境。

8 月 5 日　南南合作 2013 年第一期应对气候变化与绿色低碳发展研修班结业典礼在京举行。解振华副主任强调，中国自 2011 年启动了三年两亿元人民币的气候变化南南合作项目，支持和帮助最不发达国家、小岛屿国家和非洲国家等应对气候变化。

9 月 14 日　环境保护部与世界银行在北京联合召开了中国含氢氯氟烃

（HCFC）生产行业淘汰计划实施启动会暨国际臭氧层保护日宣传活动。环境保护部副部长翟青在讲话中强调 HCFC 淘汰对氟化工行业调整产业结构、淘汰过剩产能、培育新的增长点是一个重要的机遇，各企业可借 HCFC 生产行业淘汰的机会，着力发展污染小、排放少、效益好、可持续的低碳环保项目，努力寻找一条科学、可持续的发展道路。

11 月 18 日　为积极应对全球气候变化，统筹开展全国适应气候变化工作，发展改革委、财政部、住房城乡建设部、交通运输部、水利部、农业部、林业局、气象局、海洋局联合发布《关于印发国家适应气候变化战略的通知》（发改气候〔2013〕2252 号），公开发布《国家适应气候变化战略》，要求适应试点示范工程所在的省、自治区、直辖市要先行先试。

参考文献
References

[1] 陈蔚镇，卢源. 低碳城市发展的框架、路径与愿景—以上海为例. 北京：科学出版社，2010

[2] 陈柳钦. 中国低碳能源的发展方向. 当代经济管理，2011（6）

[3]《第二次气候变化国家评估报告》编写委员会. 第二次气候变化国家评估报告. 北京：科学出版社，2011

[4] 樊纲，马蔚华. 低碳城市在行动：政策与实践. 北京：中国经济出版社，2011

[5] 莫神星. 节能减排机制法律政策研究. 北京：中国时代经济出版社，2008

[6] 莫神星. 论低碳经济与低碳能源发展. 社会科学，2012（9）

[7] 齐晔. 中国低碳发展报告（2013年）：政策执行与制度创新. 北京：社会科学文献出版社，2013

[8] 国家发展改革委宏观经济研究院《低碳发展方案编制原理与方法》教材编写组. 低碳发展方案编制原理与方法. 北京：中国经济出版社，2012

[9] 国家发展和改革委员会.《中国应对气候变化的政策与行动》白皮书（2011－2013年度）

[10] 龙惟定，白玮等. 低碳城市的区域建筑能源规划. 北京：中国建筑工业出版社，2011

[11] 李晓西，林卫斌."五指合拳"——应对世界新变化的中国能源战略. 北京：人民出版社，2012

[12] 罗佐县，张礼貌. 我国煤制气产业发展进入新阶段. 中国石化，2013（1）

[13] 潘家华，庄贵阳等. 低碳城市：经济学方法、应用与案例研究. 北京：社会科学文献出版社，2012

[14] 沈月琴，周隽等. 杭州市打造："低碳城市"的模式选择与发展策略研究. 北京：中国林业出版社，2012

[15] 沈清基，安超等. 低碳生态城市理论与实践. 北京：中国城市出版社，2012

[16] 王勇. 低碳城市与城市品牌. 成都：西南交通大学出版社，2012

[17] 王伟光，郑国光 应对气候变化报告2013. 北京：社会科学文献出版社，2012

[18] 魏后凯，张燕. 全国推进中国城镇化绿色转型的思路与举措. 经济纵横，2011（9）

[19] 杨喆. 低碳城市建设手册. 北京：经济管理出版社，2013

［20］中国能源研究会．中国能源发展报告 2012. 北京：中国电力出版社，2012

［21］中国低碳年鉴编委会．中国低碳年鉴（2010）．北京：中国财政经济出版社，2010

［22］中国低碳年鉴编委会．中国低碳年鉴（2011）．北京：冶金工业出版社，2012

［23］庄贵阳．低碳试点城市低碳发展指标比较．中国建设信息，2010（21）

［24］朱琳．发展天然气实现绿色能源转型——访能源经济专家张位平．中国科技投资，2013（7）

［25］BP（British Petroleum）．世界能源统计，2012

　　本书是美国能源基金会资助的"低碳试点总结示范"项目的主要成果之一。自 2012 年 6 月召开项目启动会以来，在国家发展和改革委员会气候司的指导下，项目组与各地方发改委主管部门密切联系，通过实地调研和座谈等多种方式，深入了解部分低碳试点省市低碳发展方案的编制情况和推进试点工作的具体做法及其主要经验等。在调研过程中，各试点地区提供了不少鲜活的低碳发展经典案例，为本书编著提供了丰富的一手材料。低碳试点省市分布于全国不同的区域，其产业结构、能耗结构、资源禀赋等差异较大，各具鲜明的地域特色并处在不同的发展阶段。目前，各低碳试点省份和城市根据自身特点和条件，积极发挥主动性和创造性，积累了不少低碳发展的特色模式及方法等。应该说，通过对试点地区低碳发展的主要经验和做法的及时总结，既有利于试点省市共享低碳发展的成功经验，也有利于将低碳发展的有效模式推广至全国范围，为其他地区提供经验借鉴，具有重大的现实意义。同时，低碳试点案例的积极分享，也可以向世界其他国家展示中国低碳发展的阶段性成果。需要说明的是，由于 2012 年 12 月份第二批低碳省区和低碳城市试点启动相对较晚，本书以总结 2010 年第一批低碳试点省区和低碳城市的低碳发展经验为主要内容，事实上其他省区和城市包括一些非试点地区也有不少较好的低碳发展案例和经验，受篇幅和材料限制，这里不一一做介绍。

　　全书分为三大部分。第一部分为绪论篇，即第一章，重点介绍低碳试点工作的历史源起和国内外低碳发展背景，对低碳思潮及我国低碳发展的历程进行梳理。第二部分为低碳试点案例篇，即第二章至第八章，分别介绍低碳产业、低碳能源、低碳交通、低碳建筑、碳权交易、增加碳汇、低碳生活等领域的试点推进工作及其经典案例，重在分享低碳试点省区和低碳试点城市的有益经验。第三部分为低碳发展的展望篇，即第九章，提出未来我国全面推进低碳发展的对策思路，中国将持续在应对全球气候变化领域担当起大国责任，随着生态文明制度的建立和完善，中国将在不久的将来如期实现从低碳试点到全域低碳发展的根本转变。为更好地帮助读者了解低碳试点实践的有关背景和政策等，书后还附有三个附录。附录一为2010国家发展改革委发布的《关于开展低碳省区和低碳城市试点工作的通知》（发改气候〔2010〕1587号），附录二为部分试点城市推进低碳城市建设与发展的路线图，附录三为2005年以来低碳发展大事记。

本书在编撰过程中得到了来自国家发展和改革委员会气候司、国家发展和改革委员会宏观经济研究院领导的指导和支持，在此表示诚挚的谢意。书中案例涉及的各试点省区和城市的发改委主管部门在经典案例以及相关材料的筛选、提供上做了非常重要的工作，为本书的编撰提供了可靠、精准和有价值的一手材料，在此一并对他们的辛勤工作和大力协助并表示感谢！同时，还要特别感谢美国能源基金会北京代表处的同事们，在项目实施过程中，他们给予了大力的支持和无私的帮助。项目组张燕博士和于晓莉博士负责本书的总体框架设计，张燕博士承担了前五章的编写工作，于晓莉博士编写了后四章及附录部分。张喜玲、陈博文、朱磊、董洁琼、陈曦等同志参与了项目协调、资料收集与整理等诸多工作，原国家发展和改革委员会能源局副局长、巡视员白荣春审核了全书，提出了中肯建议和修改意见，在此表示感谢！

应该说，为积极配合国家低碳试点工作，通过介绍低碳发展案例，及时总结与分析各试点地区和城市低碳发展的成功模式，倡导把低碳发展作为经济增长的新引擎和实现跨越发展的重要途径，积极推动从国家低碳重点地区试点到国土全域低碳发展格局逐渐形成，具有非常重大的现实意义。然而，由于基础调研依然不够充分、材料收集不全，同时受到水平、经验和时间的诸多限制，本书难免有诸多的不足和错漏之处，敬请读者批评指正，以期日后有机会改进。

编写组
2014 年 2 月